• Web前端技术丛书 •

JavaScript 实用教程

邹琼俊 著

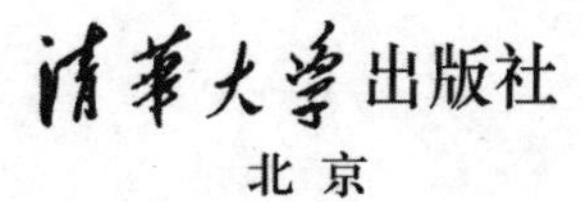

北京

内 容 简 介

JavaScript 在日常开发工作中使用频率非常高。本书从 JavaScript 初学者的视角出发，将理论和实践相结合，通过循序渐进、由浅入深的方式详解 JavaScript 核心知识点，让读者在学习的过程中不断提升使用 JavaScript 的技能水平，并能够将所学知识运用到实际开发当中去。

本书分为 4 部分，共 12 章，主要内容包括 JavaScript 语法基础、JavaScript 流程控制、数组、函数、作用域、对象和内置对象、BOM、DOM 和事件、JavaScript 面向对象编程、函数进阶、正则表达式、贪吃蛇案例、ES6~ES10 特性和 TypeScript。

本书适合所有 Web 技术从业人员、前端开发工程师，也适合作为高等院校和培训机构计算机及相关专业师生的教学参考书。

图书在版编目（CIP）数据

JavaScript 实用教程/邹琼俊著. —北京：清华大学出版社，2021.3（2024.8重印）
（Web 前端技术丛书）
ISBN 978-7-302-57470-5

Ⅰ. ①J… Ⅱ. ①邹… Ⅲ. ①JAVA 语言－程序设计－教材 Ⅳ. ①TP312.8

中国版本图书馆 CIP 数据核字（2021）第 022707 号

责任编辑：夏毓彦
封面设计：王　翔
责任校对：闫秀华
责任印制：沈　露

出版发行：清华大学出版社
网　址：https://www.tup.com.cn，https://www.wqxuetang.com
地　址：北京清华大学学研大厦 A 座　　邮　编：100084
社 总 机：010-83470000　　邮　购：010-62786544
投稿与读者服务：010-62776969，c-service@tup.tsinghua.edu.cn
质量反馈：010-62772015，zhiliang@tup.tsinghua.edu.cn

印 装 者：三河市铭诚印务有限公司
经　销：全国新华书店
开　本：190mm×260mm　　**印　张：**16.25　　**字　数：**416 千字
版　次：2021 年 3 月第 1 版　　**印　次：**2024 年 8 月第 3 次印刷
定　价：59.80 元

产品编号：079115-01

前　言

为什么写作此书

对于每一位 Web 开发者而言，JavaScript 入门筑基，Web 全栈登峰造极。不管你是从事前端开发还是后端开发，只要是做 Web 应用或者 H5 移动应用，就离不开 JavaScript。JavaScript 发展壮大了这么多年，活力依然不减，在 2019 年编程语言流行度排名中 JavaScript 排在第 6 位。

Jan 2019	Jan 2018	Change	Programming Language	Ratings	Change
1	1		Java	16.904%	+2.69%
2	2		C	13.337%	+2.30%
3	4	↑	Python	8.294%	+3.62%
4	3	↓	C++	8.158%	+2.55%
5	7	↑	Visual Basic .NET	6.459%	+3.20%
6	6		JavaScript	3.302%	-0.16%
7	5	↓	C#	3.284%	-0.47%
8	9	↑	PHP	2.680%	+0.15%
9	-	⇈	SQL	2.277%	+2.28%
10	16	⇈	Objective-C	1.781%	-0.08%
11	18	⇈	MATLAB	1.502%	-0.15%
12	8	⇊	R	1.331%	-1.22%
13	10	↓	Perl	1.225%	-1.19%
14	15	↑	Assembly language	1.196%	-0.86%
15	12	↓	Swift	1.187%	-1.19%
16	19	↑	Go	1.115%	-0.45%
17	13	⇊	Delphi/Object Pascal	1.100%	-1.28%
18	11	⇊	Ruby	1.097%	-1.31%
19	20	↑	PL/SQL	1.074%	-0.35%
20	14	⇊	Visual Basic	1.029%	-1.28%

任何一门语言都是在不断发展和变化的，除非它已经停止更新，JavaScript 也不例外，从 ES6 到 ES10，再到 JavaScript 超集 TypeScript，我们都能够看到它的壮大，同时也显示出 JavaScript 强大的活力和生命力。

如何阅读本书

学习一门语言，我们往往不需要掌握它的全部内容，事实上，也几乎不可能掌握它的所有内容，我们只需要重点关注并掌握它在实际工作中绝大多数的应用，利用它来帮助我们完成开发目标即可。

如果是初学者，建议尽量按照顺序逐章阅读，并把所有示例都实现一遍；如果是有经验的开发者，可以选择自己感兴趣的内容进行阅读。在阅读过程中，你可以按照自己的想法，在原有的示例上修改或新增一些内容。

本书特点

本书以实用为主，内容言简意赅、通俗易懂，采用理论和实践相结合、由浅入深的方式来阐述 JavaScript 在实际工作中的各种应用，相信你在阅读过程中不会感到枯燥乏味。

适合人群

本书从初学者的视角，将理论和实践相结合，循序渐进地讲解日常工作中使用频率非常高的 JavaScript 核心知识点，让读者在学习的过程中不断提升使用 JavaScript 的技能水平，并能够将所学知识运用到实际应用中，非常适合 Web 从业人员阅读，同时也适合作为高等院校和培训机构计算机专业课程的教学参考书。

源码及勘误

本书配套的源代码，请用微信扫描右边清华网盘二维码获取。如果有问题，请电子邮件联系 booksaga@163.com，邮件主题为“JavaScript 实用教程”。

由于水平有限，书中难免存在一些纰漏，如果你发现了问题，可以直接与我联系，我会第一时间在本人的技术博客中加以改正，万分感谢！

作者简介

邹琼俊，湖南人，Web 全栈工程师，CSDN 学院讲师，博客园知名博主，著有图书《ASP.NET MVC 企业级实战》《H5+移动应用实战开发》《Vue.js 2.x 实践指南》。

致谢

首先要感谢的是夏毓彦编辑，没有他耐心的指导这本书不可能出版，其次是清华大学出版社的其他人员，正是他们的通力协作才使得整个创作不断被完善。

写一本书所费的时间和精力都是巨大的，写书期间，我占用了太多本该陪家人的时间，在这里要特别感谢我的爱人王丽丽，谢谢她帮我处理了许多生活上面的琐事；感谢我的父母，是他们含辛茹苦地把我培养成人。另外，还要感谢公司给我提供了一个自我提升的发展平台，让我顺利完成了本书的编写。

作　者

2021 年 1 月

目录

第1部分 JavaScript 基础

第 2 部分 Web API

第 1 部分

JavaScript 基础

第 1 部分对一些计算机的基本概念进行简要说明。

本部分着重介绍 JavaScript 的语法和数据结构，包括变量、数据类型、运算符、流程控制、数组、函数、作用域、内置对象等 JavaScript 核心知识点。这些内容是 JavaScript 最重要的组成部分，我们称之为 ECMAScript。它是 JavaScript 语言的标准，规定了 JavaScript 的编程语法和基础核心知识。

第 1 章

◂ JavaScript 语法基础 ▸

本章首先对涉及计算机编程的一些基本概念和JavaScript的几种常用开发工具进行简单的介绍，然后讲述 JavaScript 是什么、JavaScript 可以做什么，最后对 JavaScript 的数据类型和运算符进行讲解。通过本章的学习，读者可以对 JavaScript 有一个基本的概念，并熟悉 JavaScript 的基本语法。

1.1 基本概念和开发工具

在讲解 JavaScript 之前，我们有必要先了解一些基本概念并准备好开发环境。

1.1.1 计算机程序

编程就是让计算机为解决某个问题而使用某种程序设计语言编写程序代码，并最终得到结果的过程。

计算机程序是计算机所执行的一系列的指令集合，而程序全部都是用我们所掌握的语言来编写的，所以如果人们要控制计算机，一定要通过计算机语言向计算机发出命令。

1.1.2 计算机语言

计算机语言指用于人与计算机之间通信的语言，是人与计算机之间传递信息的媒介。

计算机语言的种类非常多，总的来说可以分成机器语言、汇编语言和高级语言三大类。

实际上计算机最终所执行的都是机器语言，是由“0”和“1”组成的二进制数。二进制是计算机语言的基础。

0~10 的二进制表示如下：

```
0=00000000   1=00000001  2=00000010  3=00000011  4=00000100  5=00000101
6=00000110   7=00000111  8=00001000  9=00001001  10=00001010
```

1.1.3 编程语言

可以通过类似于人类语言的“语言”来控制计算机，让计算机为我们做事情，这样的语言就叫作编程语言（Programming Language）。编程语言是用来控制计算机的一系列指令，有固定的格式和词汇（不同编程语言的格式和词汇不一样），在使用过程中必须遵守这些规则。如今通用的编程语言有两种形式：汇编语言和高级语言。编程语言分类如表 1-1 所示。

表 1-1　编程语言分类

语言类型	说明
汇编语言	汇编语言和机器语言的实质是相同的，都是直接对硬件操作，只不过指令采用了英文缩写的标识符，容易识别和记忆
高级语言	高级语言主要是相对于低级语言而言的，并不是特指某一种具体的语言，而是包括了很多编程语言，常用的有 C、C++、Java、C#、Python、PHP、JavaScript、Go、Objective-C、Swift 等

示例代码：

```
C: puts("hello world");
C#: Console.Write("hello world");
PHP:echo "hello world";
Java:System.out.println("hello world");
JavaScript:document.write("hello world");
```

1.1.4　翻译器

高级语言所编写的程序不能直接被计算机识别，必须经过转换才能被执行，为此我们需要一个翻译器。翻译器可以将我们所编写的源代码转换为机器语言，这也被称为二进制化，如图 1-1 所示。

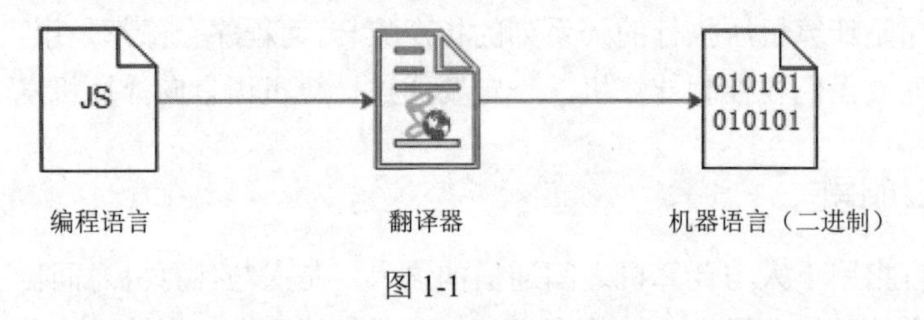

图 1-1

1.1.5　编程语言和标记语言的区别

编程语言和标记语言的区别如表 1-2 所示。

表 1-2　编程语言和标记语言的区别

语言类型	说明
编程语言	编程语言有很强的逻辑和行为能力。在编程语言里，你会看到很多 if else、for、while 等具有逻辑性和行为能力的指令，是主动的
标记语言	标记语言（html）不用于向计算机发出指令，常用于格式化和链接。标记语言的存在是用来被读取的，是被动的

1.1.6　计算机基础

计算机组成如图 1-2 所示。

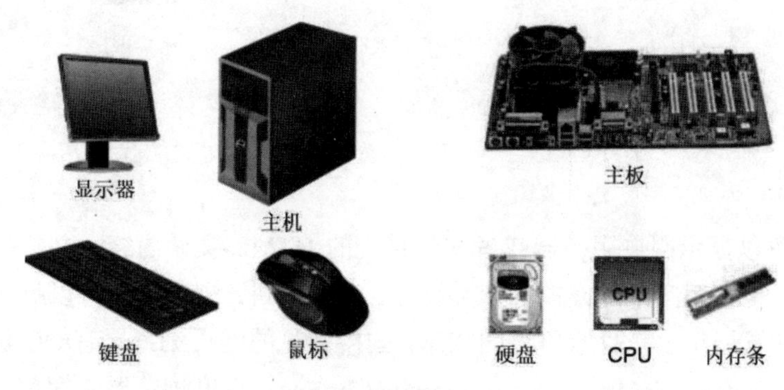

图 1-2

1. 数据存储

计算机内部使用二进制 0 和 1 来表示数据。

所有数据（包括文件、图片等）最终都是以二进制数据（0 和 1）的形式存放在硬盘中的。

所有程序（包括操作系统）本质上都是数据，以二进制的形式存放在硬盘中。平时我们所说的安装软件其实就是把程序文件复制到硬盘中。

硬盘、内存都是保存的二进制数据。

2. 数据存储单位

- 位（bit）：1bit 可以保存一个 0 或者 1（最小的存储单位）。
- 字节（Byte，B）：1B=8b。
- 千字节（KB）：1KB=1024B。
- 兆字节（MB）：1MB=1024KB。
- 吉字节（GB）：1GB=1024MB。
- 太字节（TB）：1TB=1024GB。
- 大小关系：bit <byte <KB<MB<GB<TB<……

3. 程序运行

计算机运行软件的过程（见图 1-3）如下：

（1）打开某个程序时，从硬盘中把程序代码加载到内存中。

（2）CPU 执行内存中的代码。

注　意
CPU 运行太快了，如果只从硬盘中读数据，就会浪费 CPU 性能，所以才使用存取速度更快的内存来保存运行时的数据。（如果说内存是电，那么硬盘就是机械。）

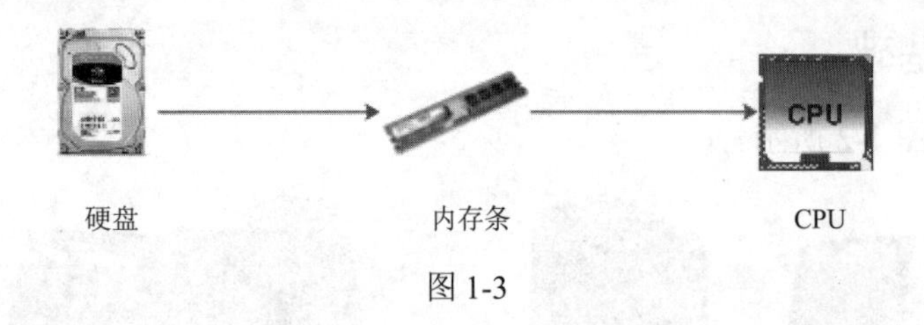

图 1-3

1.1.7 浏览器

浏览器是指可以显示网页服务器或者文件系统的 HTML 文件内容，并让用户与这些文件交互的一种软件，是使用频率最高的客户端程序。通俗地讲：浏览器是可以显示页面的一个软件。现在浏览器的发展早已是百家争鸣的状态，国内常见的网页浏览器有 QQ 浏览器、Internet Explorer（IE）、Firefox、Safari、Opera、Google Chrome、百度浏览器、搜狗浏览器、猎豹浏览器、360 浏览器、UC 浏览器、傲游浏览器、世界之窗浏览器等，常用的是 Google Chrome、Firefox、Safari、IE、Opera，不过建议开发者使用 Google Chrome。

1.1.8 网页、网站和应用程序

- 网页：单独的一个页面。
- 网站：将一些相关的页面组到一起。
- 应用程序：可以和用户产生交互并实现某种功能的程序。

1.1.9 开发工具

JavaScript 的开发工具非常多，甚至可以用记事本来编写。考虑到开发效率的问题，我们通常使用一些强大的 IDE 来提升编码效率。

常用的 JS 开发工具有：

- Visual Studio Code（VS Code）：微软开发的 IDE，推荐使用。
- WebStorm：Web 前端开发神器，功能强大，比较卡。
- Sublime：文艺青年喜欢用。

建议使用的开发工具是 Google Chrome（谷歌浏览器）、VS Code（下载地址为 https://code.visualstudio.com/）。

如果使用 VS Code 作为 JavaScript 的开发工具，那么建议安装一些必要的 VS Code 插件：

- vscode-elm-jump：跳转到定义。
- JavaScript (ES6) code snippets：JS 代码片段插件，当前最流行的插件之一，下载量超过 300 万。这个插件为 JavaScript、TypeScript、HTML、React 和 Vue 提供了 ES6 的语法支持。
- Auto Close Tag：自动添加 HTML/XML 的关闭标签。
- Path Intellisense：文件名智能提示。
- Prettier - Code formatter：利用 Prettier 的支持 JavaScript、TypeScript 和 CSS 的插件。

- HTML CSS Support：CSS 和 HTML 支持插件。
- Live Server：开启本地开发时服务器，为静态和动态页面提供实时刷新功能。
- Debugger for Chrome：谷歌浏览器调试插件，支持在编辑器中打断点，可以轻松地在 Chrome 里调试 JavaScript。

安装插件的目的是为了简化开发，可以根据自己的喜好来选择合适的插件，如果是进行团队协作开发，建议统一开发工具和插件。

插件的安装方法非常简单，打开 VS Code，单击左侧工具栏最下面的图标，然后在输入框中输入需要安装的插件名称，最后单击 Install 按钮安装即可，如图 1-4 所示。

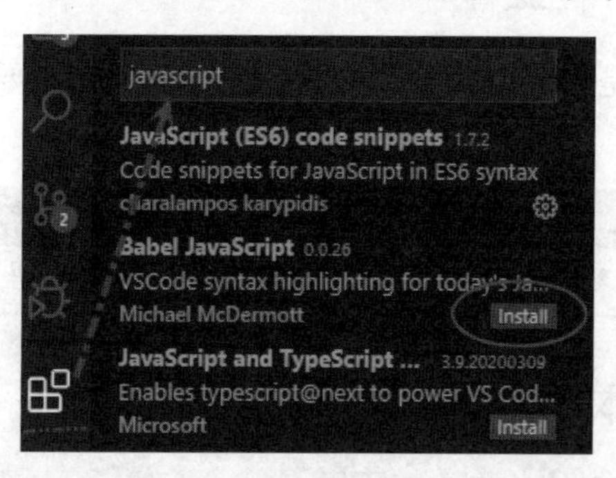

图 1-4

对照本书进行代码编写时，你也可以选择自己喜欢的前端开发工具来编写 JavaScript。

小 技 巧
在 VS Code 中，在空页面输入感叹号（!），然后按回车键就会自动生成 HTML5 页面。

1.2 JavaScript 是什么

NetScape 最初将其脚本语言命名为 LiveScript，在与 Sun 合作之后将其改名为 JavaScript，简称 JS（后面书中出现 JS 就代表 JavaScript）。JavaScript 最初是受 Java 启发而开始设计的，目的之一就是“看上去像 Java”，因此语法上有类似之处，一些名称和命名规范也借鉴自 Java。JavaScript 与 Java 名称上近似，是 NetScape 为了营销考虑与 Sun 微系统达成协议的结果。Java 和 JavaScript 的关系就像鲸鱼和鲫鱼的关系，只是名字很像而已，其实不是同一类东西。

JavaScript 是一种运行在客户端的脚本语言，JavaScript 的解释器被称为 JavaScript 引擎，是浏览器的一部分，且被广泛用于客户端脚本语言，最早在 HTML（标准通用标记语言下的一个应用）网页上使用，用来给 HTML 网页增加动态功能。

布兰登 • 艾奇（Brendan Eich，见图 1-5）只用了 10 天时间就创建了 LiveScript，后来改名为 JavaScript。

图 1-5

1.2.1 JavaScript 语言特点

JavaScript 语言特点如下：

- 解析执行：轻量级解释型的，或是 JIT（Just-In-Time，及时）编译型的程序设计语言。
- 语言特点：动态，头等函数（First-class Function）。
- 执行环境：在宿主环境（host environment）下运行。浏览器是最常见的 JavaScript 宿主环境，但是在很多非浏览器环境中也使用 JavaScript，例如 Node.js。
- 编程范式：基于原型、多范式的动态脚本语言，并且支持面向对象、命令式和声明式（如函数式编程）编程风格。

JavaScript 最初的目的是为了处理表单的验证操作，现在主要用于解决用户和浏览器之间交互的问题。

总 结
JavaScript 是一门脚本语言解释性语言基于对象的动态类型的语言。

1.2.2 编译语言和脚本语言的对比

编译语言和脚本语言的对比如图 1-6 所示。

- 编译语言：需要把代码翻译成计算机所认知的二进制语言才能够执行，运行速度上比较快。常用的编译语言有 C、C++、Java、C#。
- 脚本语言（解释型语言）：不需要编译，直接执行，由于在运行时解释每一条语句然后执行，因此比编译执行的语言要慢。常用的脚本语言有 JavaScript、PHP、Python。

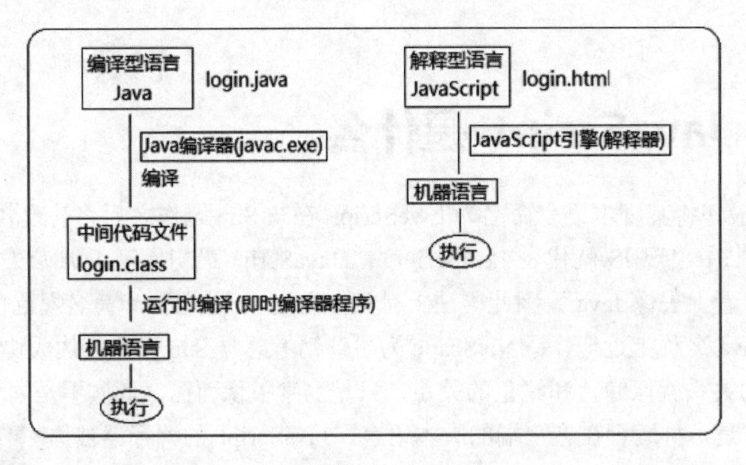

图 1-6

1.2.3 JavaScript 应用场景

JavaScript 发展到现在几乎无所不能，常用应用领域如下：

- 网页特效

- 服务端开发（Node.js）
- 命令行工具（Node.js）
- 桌面程序（Electron）
- App（Cordova）
- 控制硬件-物联网（Ruff）
- 游戏开发（Cocos2d-js）

1.2.4　JavaScript 与浏览器的关系

JavaScript 能在很多环境中执行，但是 JavaScript 最初的运行环境是浏览器环境。我们编写的 JavaScript 代码要呈现在界面中，需要浏览器来解释执行并最终渲染出来。

JavaScript 引擎是浏览器的组成部分之一。浏览器还要做很多别的事情，比如解析页面、渲染页面、Cookie 管理、历史记录等。

HTML、CSS、JavaScript 三者的区别如下：

- HTML：标记语言，用于展示数据。
- CSS：用于美化页面。
- JavaScript：用户和浏览器进行交互。

HTML、CSS、JavaScript 和浏览器之间的关系如图 1-7 所示。

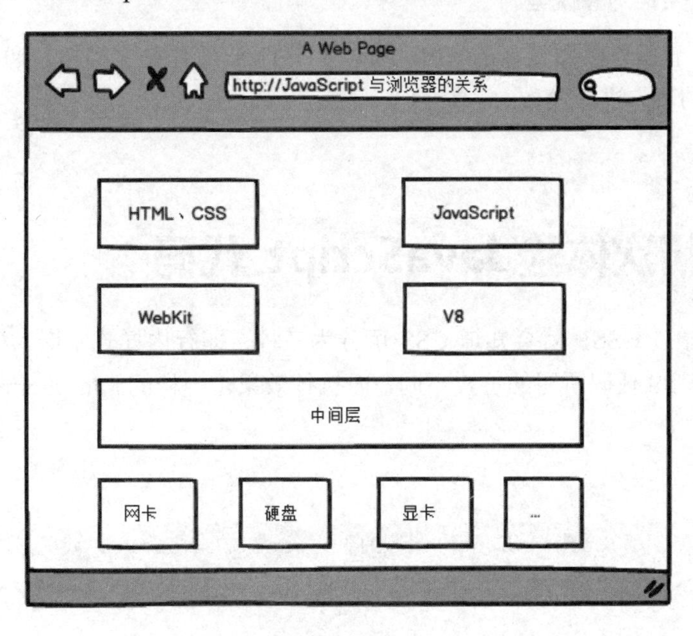

图 1-7

1.2.5　JavaScript 的组成

JavaScript 的三个主要组成部分是 ECMAScript（核心）、DOM（文档对象模型）、BOM（浏览器对象模型），如图 1-8 所示。

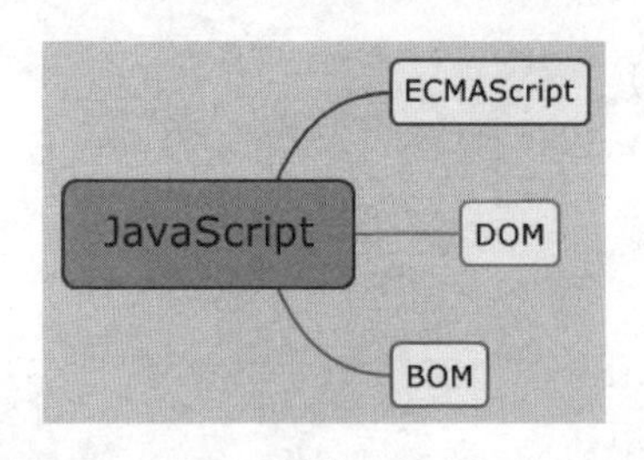

图 1-8

1. ECMAScript——JavaScript 的核心

在 JavaScript 发展初期，JavaScript 的标准并未确定，同期有网景的 JavaScript、微软的 JScript 和 CEnvi 的 ScriptEase 三足鼎立。1997 年，在 ECMA（欧洲计算机制造商协会）的协调下，由 NetScape、Sun、微软、Borland 组成的工作组确定统一标准：ECMA-262。

ECMAScript 主要定义了 JavaScript 的语法规范，是 JavaScript 的核心，描述了语言的基本语法和数据类型。ECMAScript 是一套标准，定义了一种语言的标准，与具体实现无关。

2. BOM——浏览器对象模型

BOM 提供一套操作浏览器功能的 API，通过 BOM 可以操作浏览器窗口，比如弹出框、控制浏览器跳转、获取分辨率等。

3. DOM——文档对象模型

DOM 提供一套操作页面元素的 API，可以把 HTML 看作是文档树。通过 DOM 提供的 API 可以对树上的节点进行操作。

1.3 初次体验 JavaScript 代码

如果你之前学过 CSS，就会知道 CSS 可分为三种，即行内样式、嵌入样式、外部样式，其主要区别在于 CSS 代码所写的位置不同，而执行效果是一样的。JavaScript 代码也可以写在三个地方：

（1）写在行内：

```
<input type="button" value="最靓的崽" onclick="alert('我就是这条街最靓的崽
!')" />
```

（2）写在 script 标签中：

```
<script>
        alert('我就是这条街最靓的崽!')
</script>
```

（3）写在外部 JavaScript 文件中，然后在页面中引入：

```
<script src="../scripts/1.js"></script>
```

上面代码中，alert 方法是弹窗，console.log 方法是把内容输出在浏览器的控制台中。打开浏览器，然后按 F12 键可以查看控制台。

在 VS Code 中的内容区域右击，选择 Open with Live Server 选项，在浏览器中查看运行结果，如图 1-9 所示。

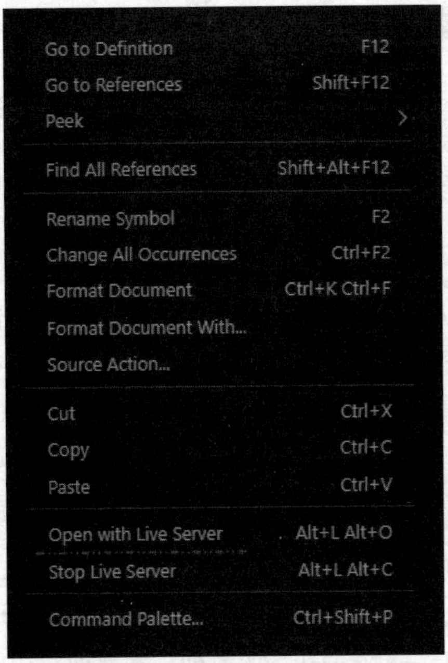

图 1-9

如果你看不到这个选项，就需要在 VS Code 中安装插件 Live Server。

1.3.1　注意事项

如果是引用外部 JavaScript 文件，那么在 script 标签中不可以写 JavaScript 代码，写了也不会执行。

```
<script src="../scripts/1.js">  alert('不会执行');</script>
```

如果在一对 script 的标签中有错误的 JavaScript 代码，那么该错误代码后面的 JavaScript 代码不会执行。

```
<script>
    alert(走路大摇大摆) //报错
    alert('我是最大的牌');//不会执行
</script>
```

当页面中有多对 script 标签时，前面一对 script 标签中有错误时，并不会影响后面的 script 标签中的 JavaScript 代码执行。

```
 <script>
       alert(走路大摇大摆) //报错
       alert('我是最大的牌');//不会执行
    </script>
    <!-- 正常运行 -->
<script>alert('一起摇摆');</script>
```

script 的标签中可以写什么属性？ type="text/javascript" 和 language="JavaScript"都可以。

注意：lang 是 language 的简写形式。

```
<!-- 标准写法 -->
<script type="text/javascript"></script>
<script lang="JavaScript"></script>
<script type="text/javascript" lang="JavaScript"></script>
```

script 标签中同时出现 type 和 language 也是可以的，同时都写上还能有效地避免 JavaScript 代码在某些旧浏览器版本中执行时可能出现的意外。

上述三种写法都是可以的，在目前的 html 页面中 type 和 language 都可以省略，因为我们现在写的 html 是遵循 HTML5 标准的，在 html 页面的顶部都有如下声明：

```
<!DOCTYPE html>
```

script 标签在页面中可以出现多对，一般放在 body 标签的最后面，有时会出现在 head 标签中。如果 script 标签是引入的外部 JavaScript 文件，那么不要在这对标签中写任何 JavaScript 代码，必须写时，可以重新写一对 script 标签，然后在里面写代码。

由于 HTML 中代码的解析是从上往下依序执行的，因此 JavaScript 代码的位置决定了它的执行时机，通常为了让页面中的 CSS 和 HTML 元素更快地渲染，JavaScript 代码会写在 body 标签的后面。

1.3.2 代码注释

注释用于解释代码的含义，是给程序员看的，既给别人看也给自己看。

写代码注释是一个好的编程习惯，可以提升代码的阅读性，便于日后维护。尽管理想状态下我们希望“代码即注释”，但是在实际开发过程中往往业务逻辑非常复杂，没有注释，别的开发人员很难一下子理解代码的具体含义。

注释的方式有两种：

（1）单行注释//

```
var musicName = '17 岁'; //音乐名称
```

（2）多行注释/**/

```
/*
   说明：这是一个唱歌方法
```

```
    author:作者
*/
function sing(author) {
    console.log(author + ': 喜欢我 别遮脸 任由途人发现');
}
```

注释部分是不会在页面中执行的。

1.4 变量

1.4.1 变量引入、声明和初始化

（1）什么是变量

变量是计算机内存中存储数据的标识符，根据变量名称可以获取到内存中存储的数据。

（2）为什么要使用变量

使用变量可以方便地获取或者修改内存中的数据。

（3）如何使用变量

var 声明变量：

```
var name;
```

变量的赋值：

```
var name;
name = "不良帅";
```

同时声明多个变量：

```
var name, age, skill;
name = "不良帅";
age = 300;
 skill = "天罡诀";
```

同时声明多个变量并赋值：

```
var name = "不良帅", age = 300, skill = "天罡诀";
```

1.4.2 变量在内存中的存储

JavaScript 中的变量分为基本类型和引用类型。

- 基本类型是保存在栈内存中的简单数据段，它们的值都有固定的大小，保存在栈空间，通过按值访问。

- 引用类型是保存在堆内存中的对象，值大小不固定，栈内存中存放该对象的访问地址，指向堆内存中的对象，JavaScript 不允许直接访问堆内存中的位置，因此在操作对象时实际上是操作对象的引用。

声明变量，并赋值：

```
var name = "阳顶天";
var age = 33;
```

当我们声明变量的时候，会在内存中的栈上分配一小块内存，这一小块内存有一个地址，当赋值的时候会把数据存放到这个地址所指向的内存空间里。

栈数据结构的一个特点是先进后出，特别像往一个箱子里放砖块。name 先声明，放到最底部，取的时候，从上往下去取。我们可以把栈理解为一个大盒子，往里存数据，就是往里面放东西，从里面拿东西就相当于取数据，那么后放进去的东西就会先取出来，如图 1-10 所示。

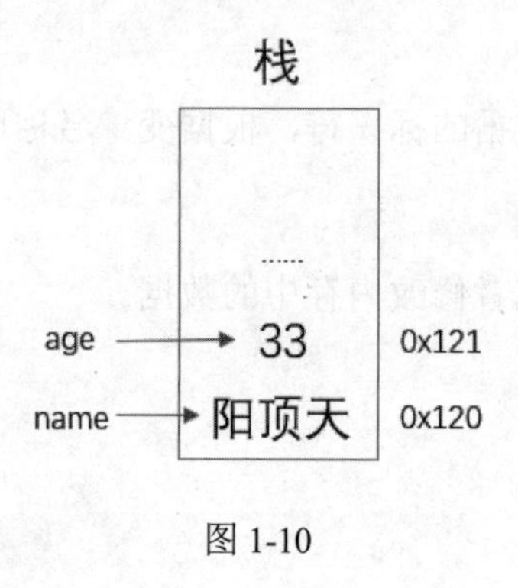

图 1-10

1.4.3 变量的命名规则和规范

规则：必须遵守的，不遵守会报错。
规范：建议遵守的，不遵守不会报错。

变量名的命名规则如下：

- 由字母、数字、下划线、$符号组成，不能以数字开头，中间或者后面可以有$符号、字母、数字。
- 不能是关键字和保留字，例如 for、while。
- 区分大小写。

变量名的命名规范：

- 变量的名字要有意义。
- 变量名一般都是小写的。
- 变量名遵循驼峰命名法：变量名如果是多个单词，那么第一个单词的首字母是小写的，后面所有单词的首字母都是大写的，例如 userName。
- 不会的单词用拼音，拼音也要遵循驼峰命名法。

基本的代码规范：

- JS 中声明变量都用 var。
- JS 中的每一行代码结束都应该有分号。（编码习惯，建议这样做）
- JS 中是区分大小写的：var Name 和 var name 是两个不同的变量。
- JS 中的字符串既可以使用单引号，也可以使用双引号。

下面给出几个变量名的示例：

```
var name; //正常
var $name; //正常
var _sex;  //正常
var &sex; //错误
var 11; //错误
var age18;//正常
var 17age; //错误
 var 沈浪; //正常
```

不使用临时变量，直接交换两个数值变量的值：

```
var a = 10;
var b = 20;
//a 变量中的值和 b 变量中的值取出来相加，将结果重新赋值给 a 变量
a = a + b;//30
//a 变量的值和 b 变量的值取出来相减，将结果重新赋值给 b
b = a - b;//10
//a 变量的值和 b 变量的值取出来相减，将结果重新赋值给 a
 a = a - b;//20
 console.log(a, b); // 20 10
```

说明：这个实现方式其实是存在缺陷的，当 a 和 b 的值相加超过了数字的最大值范围时，就会报错。其实，也可以使用临时变量和位运算。

下面使用第三方的临时变量进行交换：

```
var temp=a;
a=b;
b=temp;
console.log(a, b); // 20 10
```

1.5 数据类型

JS 中的原始数据类型有 number、string、boolean、null、undefined、object。

1.5.1 number 类型

number 是数值字面量，是数值固定值的表示法，包括整数和小数，例如 214、1024、37.5。

在 JS 中，所有的数字都用 number 来表示；在 C#或 Java 等其他语言中，整数类型用 int 表示，单精度浮点型是 float，双精度浮点型是 double。

1.5.2 进制介绍（了解）

常见的有二进制、八进制、十进制和十六进制。

（1）二进制：遇到 2 进 1。

- 00000001——1
- 00000010——2
- 00000011——3
- 00000100——4
- 00000101——5
- 00000110——6
- 00000111——7
- 00001000——8
- 00001001——9

JS 中代码以 0b 开头的表示二进制数据：

```
var num1 = 0b11; //3
```

数字序列范围：0~1。

（2）八进制：遇到 8 进 1。

- 00000001——1
- 00000002——2
- 00000003——3
- 00000004——4
- 00000005——5
- 00000006——6
- 00000007——7
- 00000010——8
- 00000011——9
- 00000012——10

JS 中代码以 0 开头的表示是八进制数据：

```
var num2 = 07;//对应十进制的 7
var num3 = 016;//对应十进制的 14
```

数字序列范围：0~7。如果字面值中的数值超出了范围，那么前导零将被忽略，后面的数值将被当作十进制数值解析。

（3）十进制：遇到 10 进 1。

- 0——0
- 1——1
- 2——2
- 3——3
- 4——4
- 5——5
- 6——6
- 7——7
- 8——8
- 9——9
- 10——10

JS 中用正常的数字表示十进制数据：

```
var num4 = 3; //3
```

（4）十六进制：遇到 f 进 1。

- 00000001——1
- 00000002——2
- 00000003——3
- 00000004——4
- 00000005——5
- 00000006——6
- 00000007——7
- 00000008——8
- 00000009——8
- 0000000a——10
- 0000000b——11
- 0000000c——12
- 0000000d——13
- 0000000e——14
- 0000000f——15
- 00000010——16

JS 中以 0x 开头的表示是十六进制数据：

```
var num5 = 0x1a;//26
```

数字序列范围：0~9 以及 a~f。

进行算术运算时，八进制和十六进制表示的数值最终都将被转换成十进制数值。

1. JS 的进制转换

如果是数字类型，可以调用 number 的一个方法 toString(radix)，返回值为该数字指定进制形式的字符串。radix 支持 [2, 36] 之间的整数，默认为 10。

```
var res;
//十进制转为十六进制
res = (10).toString(16) // =>"a"
//八进制转为十六进制
res = (012).toString(16) // =>"a"
//十六进制转为十进制
res = (0x1b).toString(10) // =>"27"
//十六进制转为八进制
res = (0x16).toString(8) // =>"26"
//十进制转为二进制
res = (1111).toString(2) // => "10001010111"
//八进制转为二进制
res = (01111).toString(2) //=>"1001001001"
//十六进制转为二进制 //=>
res = (0x16).toString(2) // => "10110"
```

如果是字符串类型，可以调用 parseInt(str,radix)方法，将字符串 str 按照 radix 进制编码方式转换为十进制返回，没有 radix，默认为 10；此方法把任意进制字符串转为十进制返回。

封装一个进制转换方法：

```
/*
 * 把 m 进制的数字 num 转为 n 进制
 */
function main(num, m, n) {
    var s = num + '';
    var result = parseInt(s, m).toString(n);
    return result;
}
```

注意：数字类型加一个空字符串会将数字类型转为字符串类型。

2. 数值范围

数字类型是有范围的：

- 最小值：Number.MIN_VALUE，值为 5e-324。
- 最大值：Number.MAX_VALUE，值为 1.7976931348623157e+308。
- 无穷大：Infinity。

- 无穷小：-Infinity。

当一个数超出了 Infinity 的限制时，发生的情况如下：

```
var t1 = 1.7976931348623157E+10308;
console.log(t1); //Infinity
var t2 = -1.7976931348623157E+10308;
console.log(t2);//-Infinity
```

3. 浮点数

JS 中浮点数的运算会存在精度误差的问题。

我们来看一个例子：

```
var x = 0.25;
var y = 0.21;
var sum = x + y;//!=0.46
console.log('sum :', sum); //sum : 0.45999999999999996
 console.log(sum == 0.46); // false
```

浮点数值的最高精度是 17 位小数，但在进行算术计算时其精确度远远不如整数，所以不要判断两个浮点数是否相等。

忠告：不要用小数去验证小数，小数在内存中存储，它的精度是有问题的，实属语言天生的缺陷。

4. 数值判断

（1）NaN：not a number（属性，不是一个数字）。

NaN 与任何值都不相等，包括他本身，所以不要用 NaN 验证是不是 NaN。

```
console.log(Number('英雄本色')); //NaN
var val;
 console.log(val + 1); //NaN
```

（2）isNaN()：is not a number（方法，判断 xx 不是一个数字，返回 true 或 false）。

```
console.log(isNaN(10)); //false
 console.log(isNaN('纵横四海')); //true
```

如上代码所示：判断 10 不是一个数字，结果是 false；判断“纵横四海”不是一个数字，结果是 true。

1.5.3　string 类型

string 表示字符串类型。字符串既可以使用单引号，也可以使用双引号，例如"hero"、'hero'。

1. 字符串长度

length 属性用来获取字符串的长度：

```
var talk = "大傻说：投降输一半";
console.log(talk.length);//9
```

空格、各种字符、数字、汉字都算一个长度。

2. 转义符

JS 的转义符以反斜杠（\）开头，单个反斜杠只做转义标识，不具体显示。JS 常用转义字符如表 1-3 所示。

表 1-3　JS 常用转义字符

转义字符	含义
\n	换行
\t	制表符
\b	空格
\r	回车
\f	换页符
\	转义符，单个不显示，只做标识
\\	反斜杠
\‘	单引号
\“	双引号
\0nnn	八进制代码 nnn 表示的字符，n 是 0~7 中的一个八进制数字
\xnn	十六进制代码 nn 表示的字符，n 是 0~F 中的一个十六进制数字
\unnnn	十六进制代码 nnnn 表示的 Unicode 字符，n 是 0~F 中的一个十六进制数字

示例代码：

```
console.log('大唐\t 不良人何在');//大唐	不良人何在
 console.log('大唐\不良人何在');//大唐不良人何在
```

3. 字符串拼接

字符串拼接使用“ +”连接，可以把多个字符串拼接到一起，形成一个新的字符串。

两边只要有一个是字符串，那么“+”就是字符串拼接功能。两边如果都是数字或者 Boolean 类型，就是算术加功能。

示例代码：

```
console.log("紫霞秘籍，" + "入门初基");//紫霞秘籍，入门初基
console.log('1' + '1'); //11
console.log(1 + 1);//2
console.log('葵花宝典，登峰造极' + true);//葵花宝典，登峰造极 true
console.log(1 + true); //2
```

```
console.log(1 + false); //1
```

如果有一个是字符串，另一个不是字符串，使用“-”符号会发生运算，例如：

```
console.log('2' - 1);//1
```

这里进行了隐式转换（浏览器自动对类型进行了转换），字符串'2'自动转换为整数 2，然后进行运算。

1.5.4　boolean 类型

boolean 表示布尔类型，有两个值，一个是 true（真），一个是 false（假），并且区分大小写。

boolean 类型在计算机内部存储：true 为 1，false 为 0。

```
var isSpring=true; //是春天吗
var isBelle=false; //是美女吗
```

1.5.5　undefined 和 null

undefined 表示一个做了声明但没有赋值的变量，变量只声明的时候默认值是 undefined；而 null 表示一个空，变量的值如果想为 null，必须手动设置。

```
var msg;
console.log(msg); //undefined
var user = null;
console.log(user); //null
```

1.5.6　数据类型转换

在谷歌浏览器的控制台中，我们发现不同数据类型会用不同的颜色来标识。字符串的颜色是黑色的，数值类型是蓝色的，布尔类型也是蓝色的，undefined 和 null 是灰色的。

1. 转换成字符串类型

转换成字符串通常有三种方式，分别是 toString()、String()、拼接字符串方式（隐式转换）。

当变量为 undefined 和 null 时，我们称变量没有意义。

如果变量有意义就调用.toString()转换：

```
var msg;
//报错：Cannot read property 'toString' of undefined
console.log(msg.toString());
msg = null;
//报错：Cannot read property 'toString' of null
console.log(msg.toString());
var num = 1;
console.log(num.toString());//1
```

如果变量没有意义就使用 String()转换：

```
var msg;
console.log(String(msg)); //undefined
var res = null;
console.log(String(res)); //null
console.log(String(1)); //1
```

拼接字符串方式是 num + ""。当“+”两边的一个操作符是字符串类型、一个操作符是其他类型的时候，会先把其他类型转换成字符串再进行字符串拼接，最后返回字符串类型。

```
var result = 1 + '';
console.log(result); //1
//获取数据类型
console.log(typeof (result));//string
```

2. 转换成数值类型

想要转整数用 parseInt()，想要转小数用 parseFloat()，想要转数字用 Number()。其中，Number()要比前两种方式严格。

（1）转整数

转整数用 parseInt()，如果第一个字符是数字就会解析，直至遇到非数字结束；如果第一个字符不是数字或者符号，就返回 NaN。

示例代码如下：

```
console.log(parseInt("17"));//17
console.log(parseInt("17日"));//17
console.log(parseInt("鹅2"));//NaN
console.log(parseInt("2月17日"));//2
console.log(parseInt("3.14"));//3
console.log(parseInt("3.14圆周率"));//3
```

（2）转小数

转小数用 parseFloat()，把字符串转换成浮点数，和 parseInt()非常相似，不同之处在于：parseFloat()会解析第一个.（点），遇到第二个.（点）或者非数字时结束。如果解析的内容里只有整数，则解析成整数。

示例代码如下：

```
console.log(parseFloat("17"));//17
console.log(parseFloat("17日"));//17
console.log(parseFloat("鹅2"));//NaN
console.log(parseFloat("2月17日"));//2
console.log(parseFloat("3.14"));//3.14
console.log(parseFloat("3.14圆周率"));//3.14
```

（3）转数字

转数字用 Number()，可以把任意值转换成数值，如果要转换的字符串中有一个不是数值的字符，就返回 NaN。

示例代码如下：

```
console.log(Number("17"));//17
console.log(Number("17 日"));//NaN
console.log(Number("鹅 2"));//NaN
console.log(Number("2 月 17 日"));//NaN
console.log(Number("3.14"));//3.14
console.log(Number("3.14 圆周率"));//NaN
```

（4）+、-、0 等运算

示例代码如下：

```
var str = '200';
console.log(+str);          // 取正：200
console.log(-str);          // 取负：-200
console.log(str - 0);   //200
```

（5）转换成布尔类型

0、''（空字符串）、null、undefined、NaN 会转换成 false，其他都会转换成 true。

示例代码如下：

```
console.log(Boolean(0));//false
console.log(Boolean(""));//false
console.log(Boolean(null));//false
console.log(Boolean(undefined));//false
console.log(Boolean(NaN));//false
console.log(Boolean(1));//true
console.log(Boolean(2));//true
console.log(Boolean(-2));//true
console.log(Boolean("李淳风"));//true
```

1.5.7　字面量

字面量表示如何表达这个值，一般除去表达式给变量赋值时，等号右边都可以认为是字面量。

字面量是在源代码中一个固定值的表示法。比如：

- 数值字面量：1、3、5。
- 字符串字面量：'湖南第一师范'、"08 电信"。
- 布尔字面量：true、false。

1.5.8 获取变量的类型

typeof 可以用来获取变量的类型。示例代码：

```
    var userName = '袁天罡';
    var age = 300;
    console.log('userName :', typeof userName);//userName : string
   console.log('age :', typeof age);//age : number
```

1.5.9 复杂数据类型 object

对象是无序的键值对的集合。
创建对象的两种方式是：

- 字面量

```
var student = {};
```

上面代码建立一个空对象。

- 内置构造函数

```
var student = new Object();
    var student = {
        name: '邹宇峰',
        age: 5
    };
```

1. 对象取值和赋值

（1）取值方法为：对象名.属性名。如果值存在，则返回响应值；如果值不存在，则返回 undefined。“对象名.方法名”直接获取，返回函数体；“对象名.方法名()”即调用这个方法。

（2）赋值（类似数组）方法为：对象名.属性名。如果存在属性，就直接覆盖原值；如果不存在属性，就新建属性，再赋值。

```
var name = student.name;//对象取值
console.log('name :', name);  //name : 邹宇峰
student.age = 6; //对象赋值
console.log('age :', student.age);//age : 6
```

2. 操作对象的两种语法

- 点语法

对象名.属性名：简单方便，不支持变量。

- 中括号语法

对象名['属性名']：灵活，支持字符串和变量。
对象名[变量名]：通过变量值找到属性名，再去对象里查找对应的值。

```
var name2 = student['name'];
console.log('name2 :', name2);//name2 : 邹宇峰
```

3. 对象的遍历

对象的遍历使用 for(var k in obj){……}。

其中，k 为键（属性名），obj[k]为值（属性值）。

```
  for (var k in student) {
      console.log('属性名 :', k, '属性值: ', student[k]);
  }
 // 属性名 : name 属性值:  邹宇峰
 // 属性名 : age 属性值:  6
```

1.6 运算符

用来计算的符号即为运算符，运算符包括算术运算符、一元运算符、逻辑运算符、关系运算符、赋值运算符等。

1.6.1 算术运算符

算术运算符有以下几种：

- +: 加。
- -: 减。
- *: 乘。
- /: 除。
- %: 取余。

算术运算表达式：由算术运算符连接起来的表达式，例如 1+1。

取余示例：

```
  var num3 = 10;
  var result = num3 % 3;//num 变量与 3 取余--->10/3 的余数
 console.log(result); //1
```

1.6.2 一元运算符

只有一个操作数的运算符为一元运算符。

- ++: 自身加 1。
- --: 自身减 1。

num++、++num 解析之后就是 num=num+1，num--、--num 解析之后就是 num=num-1。

前置++先加 1，后参与运算，示例代码如下：

```
    var num1 = 1;
    ++num1;
    var num2 = 2;
   console.log(num1 + ++num2); //2+3=5
```

后置++先参与运算，后加 1，示例代码如下：

```
    var num1 = 1;
    num1++;
    var num2 = 2;
   console.log(num1 + num2++); //2+2=4
```

前置--先减 1，后参与运算。后置--先参与运算，后减 1。

1.6.3 逻辑运算符

- &&: 与，两个操作数同时为 true，结果为 true，否则都是 false。
- ||: 或，两个操作数有一个为 true，结果为 true，否则为 false。
- ！： 非，取反。

1.6.4 关系运算符

- <: 小于。
- >: 大于。
- >=: 大于等于。
- <=: 小于等于。
- ==: 等于。
- !=: 不等于。
- ===: 全等于。
- !==: 非全等于。

==与===的区别：==只进行值的比较，===必须是类型和值同时相等时才相等。

```
var result = '11' == 11;        // true
var result = '11' === 11;       // false 值相等，类型不相等
 var result = 11 === 11;       // true
```

1.6.5 赋值运算符

- =: 赋值。
- +=: 加等于。
- -=: 减等于。
- *=: 乘等于。

- /=：除等于。
- %=：取余等于。

以加等于为例：

```
var num = 0;
num += 1;      //相当于 num = num + 1;
```

其余的运算符与加等于类似。

1.6.6　运算符的优先级

优先级从高到低依次为：

- ()：优先级最高。
- 一元运算符：++、--、!。
- 算数运算符：先*、/、%，后+、-。
- 关系运算符：>、>=、<、<=。
- 相等运算符：==、!=、===、!==。
- 逻辑运算符：先&&后||。
- 赋值运算符。

示例：

```
var res = 4 >= 6 || '你' != '我' && !(2 * 2 == 6) && true; //true
```

运行顺序：

```
(2*2==6): false
! (2*2==6): true
4>=6: false
'你' != '我': true
false||true&&true&&true:
=》 false||true
=》 true
```

第 2 章

JavaScript流程控制

本章主要介绍 JavaScript 的流程控制语法。几乎所有的编程语言都离不开流程控制，流程控制让 JavaScript 语言有了灵魂，正是因为有了流程控制，才能实现工作中复杂的业务需求。

在讲解流程控制之前，我们先来了解一下什么是表达式和语句。

一个表达式可以产生一个值，有可能是运算、函数调用，也有可能是字面量。表达式可以放在任何需要值的地方。

语句可以理解为一个行为。循环语句和判断语句就是典型的语句。一个程序由很多个语句组成，一般情况下通过分号分割一个一个的语句。

流程控制有三种结构：

- 顺序结构：从上到下、从左至右执行。
- 分支结构：根据不同的情况，执行对应的代码，包括 if 语句、if-else 语句、if-else if-else if 语句、switch-case 语句、三元表达式语句。
- 循环结构：重复做一件事情，包括 while 循环、do-while 循环和 for-in 循环。

2.1 顺序结构

程序中的各操作是按照它们出现的先后顺序执行的。

程序默认是由上到下顺序执行的。

2.2 分支结构

2.2.1 if 语句

语法：

```
if(表达式){
  代码块
}
```

（1）if

```
if (/* 条件表达式 */) {
    // 执行代码
}
```

执行过程：先判断表达式的结果是 true 还是 false，如果是 true，则执行代码块；如果是 false，则大括号中的代码是不执行的。

示例代码：

```
var money=120000;
if(money>100000){
    console.log('愿意嫁');
}
```

（2）if-else

```
if (/* 条件表达式 */) {
    // 成立执行代码 1
} else {
    // 否则执行代码 2
}
```

执行过程：如果表达式的结果是 true 则执行代码 1，如果表达式的结果是 false 则执行代码 2。

示例：判断一个数是偶数还是奇数。代码如下：

```
var number = parseInt(prompt("请输入一个数字"));
if (number % 2 == 0) { //能被 2 整除
    console.log("偶数");
} else {
    console.log("奇数");
}
```

（3）if-else if-else if

```
if (/* 条件表达式 1 */) {
    // 成立执行代码 1
} else if (/* 条件表达式 2 */) {
    // 成立执行代码 2
} else if (/* 条件表达式 3 */) {
    // 成立执行代码 3
} else {
    // 最后默认执行代码 4
}
```

执行过程：

先判断表达式 1 的结果，如果为 true 则执行代码 1；如果为 false，则判断表达式 2；如果表达式 2 为 true 则执行代码 2；如果为 false，则判断表达式 3；如果表达式 3 为 true 则执行代码 3；否则执行代码 4。

示例：年龄小于 18 周岁，提示为未成年人；18 周岁至 44 岁，提示为青年人；45 岁至 59 岁，提示为中年人，60 岁以上提示为老年人。代码如下：

```
var age = 35;
if (age < 18) {
    console.log('未成年人');
} else if (age >= 18 && age < 45) {
    console.log('青年人');
} else if (age >= 45 && age <= 59) {
    console.log('中年人');
}
else { //>=60
    console.log('老年人');
}
```

2.2.2 三元运算符

语法：

```
表达式 1 ? 表达式 2: 表达式 3
```

三元运算符实际上是对 if...else 语句的一种简化写法。

执行过程：判断表达式 1 的结果是 true 还是 false，如果是 true，则执行表达式 2，然后把结果给变量。如果表达式 1 的结果是 false，则执行表达式 3，然后把结果给变量。

求两个数字中的最大值：

```
var x=5;
var y = 10;
var result = x > y ? x : y;
console.log(result); //10
```

2.2.3 switch 语句

语法格式：

```
switch (expression) {
  case 常量 1:
    代码 1;
    break;
  case 常量 2:
    代码 2;
    break;
  case 常量 3:
    代码 3;
```

```
    break;
  …
  case 常量n:
    代码n;
    break;
  default:
    默认代码;
    break;
}
```

执行过程：

获取表达式的值和常量 1 比较，如果一样，就执行代码 1；遇到 break 则跳出整个语句，后面代码不执行。

如果表达式的值和常量 1 不一样，则和常量 2 比较，如果相同，就执行代码 2；遇到 break 则跳出。

否则和常量 3 比较，若相同则执行代码 3，遇到 break 跳出。

否则和常量 n 比较，若相同就执行代码 n，遇到 break 跳出，否则直接执行默认代码。

说明：break 可以省略。如果省略 break，代码会继续执行下一个 case。default 也可以省略。

switch 语句在比较值时使用的是全等操作符，因此不会发生类型转换（例如，字符串'10' 不等于数值 10）。

示例：根据数字显示对应的星期

```
var num = parseInt(prompt("请输入一个星期的数字"));
switch (num) {
    case 1: console.log("星期一"); break;
    case 2: console.log("星期二"); break;
    case 3: console.log("星期三"); break;
    case 4: console.log("星期四"); break;
    case 5: console.log("星期五"); break;
    case 6: console.log("星期六"); break;
    case 7: console.log("星期日"); break;
    default: console.log("输入错误");
}
```

2.2.4　分支语句总结

if 语句：一个分支。

if-else 语句：两个分支，最终只执行一个分支。

if-else if-else if...语句：多个分支，最终只会执行一个。

switch-case 语句：多分支语句，最终只会执行一个（必须有 break）。

三元表达式：和 if-else 语句是一样的。

如果有多个分支是针对范围的判断，那么一般选择 if-else if 语句；如果有多个分支是针对具体的值的判断，那么一般选择 switch-case 语句。

2.2.5 布尔类型的隐式转换

流程控制语句会把后面的值隐式转换成布尔类型。

转换成 true：非空字符串、非 0 数字、 true、任何对象。

转换成 false：空字符串、0、false、null、undefined。

```
var msg;
// 会自动把 msg 转换成 false
if (msg) {
    // todo...
}
```

2.3 循环结构

在 JS 中，循环语句有三种：while、do-while、for 循环。

一件事不停地或者是重复地做就是循环。循环要有结束条件，并且还应该有计数器（记录循环的次数）。

2.3.1 while 语句

基本语法：

```
// 当循环条件为 true 时，执行循环体，
// 当循环条件为 false 时，结束循环
while (循环条件) {
    //循环体
}
```

示例：计算 1~100 的和。代码如下：

```
// 初始化变量
var i = 1; //计数器
var sum = 0;
// 判断条件
while (i <= 100) {
    // 循环体
    sum += i;
    // 计数器自增
    i++;
}
console.log(sum); //5050
```

执行过程：

先判断条件 i<=100 是否成立（条件的结果是 true，还是 false），如果是 false，那么循环的代码（while 的大括号中的代码）都不执行；如果是 true，那么先执行循环体，然后执行计数器（i++），接着直接去判断循环的条件，再次判断是否成立，成立则继续执行循环体，否则跳出循环；执行完循环体之后计数器加 1，然后判断循环的条件，成立则循环，否则跳出循环。

2.3.2　do-while 语句

do-while 循环和 while 循环非常像，二者经常可以相互替代，但是 do-while 的特点是：不管条件成不成立都会执行一次。

基础语法：

```
do {
    // 循环体;
} while (循环条件);
```

执行过程：先执行一次循环体，然后判断条件是否成立，不成立则跳出循环，成立则执行循环体，然后判断条件是否成立，成立就继续循环，否则跳出循环。

示例：求 100 以内所有 4 的倍数的和。代码如下：

```
var i = 1;
var sum = 0;
do {
    if (i % 4 == 0) {
        sum += i;
    }
    i++;
} while (i <= 100);
console.log(sum);//1300
```

示例：死缠烂打式的表白。

问用户“做我女朋友好吗?”并提示用户输入“y/n”，如果用户没有输入 n 就一直问“做我女朋友好吗?”如果用户输入 y 就结束，并提示用户“表白成功”。

```
do {
    //把用户输入的结果存储到 result 变量中
    var result = prompt("做我女朋友好吗?y/n");
} while (result != "y");
alert("表白成功");
```

while 循环的特点是先判断后循环，有可能一次循环体都不执行。do-while 循环的特点是先循环后判断，至少执行一次循环体。

2.3.3 for 语句

while 和 do-while 一般用来解决无法确认次数的循环。for 循环一般用在循环次数确定的时候比较方便。

基本语法：

```
// for 循环的表达式之间用;分隔，千万不要写成,
for (初始化表达式 1; 判断表达式 2; 自增表达式 3) {
    // 循环体
}
```

执行过程：

先执行一次表达式 1，然后判断表达式 2；如果不成立则直接跳出循环。

如果表达式 2 成立，则执行循环体的代码，结束后跳到表达式 3 执行，然后跳到表达式 2，判断表达式 2 是否成立，不成立则跳出循环。

如果表达式 2 成立，则执行循环体，然后跳到表达式 3，接着跳到表达式 2，判断是否成立，周而复始。

执行顺序如图 2-1 所示。

1.初始化表达式
2.判断表达式
3.自增表达式
4.循环体

图 2-1

示例：打印 99 乘法表。代码如下：

```
var str = '';
for (var i = 1; i <= 9; i++) {
    for (var j = i; j <= 9; j++) {
        str += i + ' x ' + j + ' = ' + i * j + '\t';
    }
    str += '\n';
}
console.log(str);
```

运行结果：

```
1 x 1 = 1   1 x 2 = 2   1 x 3 = 3   1 x 4 = 4   1 x 5 = 5   1 x 6 = 6   1 x 7 = 7   1 x 8 = 8   1 x 9 = 9
2 x 2 = 4   2 x 3 = 6   2 x 4 = 8   2 x 5 = 10  2 x 6 = 12  2 x 7 = 14  2 x 8 = 16  2 x 9 = 18
3 x 3 = 9   3 x 4 = 12  3 x 5 = 15  3 x 6 = 18  3 x 7 = 21  3 x 8 = 24  3 x 9 = 27
4 x 4 = 16  4 x 5 = 20  4 x 6 = 24  4 x 7 = 28  4 x 8 = 32  4 x 9 = 36
5 x 5 = 25  5 x 6 = 30  5 x 7 = 35  5 x 8 = 40  5 x 9 = 45
6 x 6 = 36  6 x 7 = 42  6 x 8 = 48  6 x 9 = 54
7 x 7 = 49  7 x 8 = 56  7 x 9 = 63
8 x 8 = 64  8 x 9 = 72
9 x 9 = 81
```

2.3.4　continue 和 break

break：在循环中使用时遇到了 break，就立刻跳出当前所在的循环，即循环结束，开始执行循环后面的内容（直接跳到大括号）。

continue：如果在循环中遇到 continue 关键字就立即跳出当前循环，继续下一次循环（跳到 i++的地方）。

示例：求 1~100 不能被 7 整除的整数的和（用 continue）。

```
var sum1 = 0;
for (var i = 1; i <= 100; i++) {
    if (i % 7 != 0) {
        continue;
    }
    sum1 += i;
}
console.log('sum1 :', sum1); // 735
```

示例：求整数 1～100 的累加值，要求碰到个位为 4 的数就停止累加（用 break）。

```
var sum2 = 0;
for (var i = 1; i <= 100; i++) {
    if (i % 10 == 4) {
        break;
    }
    sum2 += i;
}
console.log('sum2 :', sum2);//6:1+2+3
```

2.4　调试

过去调试 JavaScript 的方式有以下几种：

- alert()
- console.log()
- debugger

1. 断点调试

断点调试是指自己在程序的某一行设置一个断点，调试时程序运行到这一行就会停住，然后一步一步往下调试。调试过程中可以查看各个变量当前的值，如果出错的话，调试到出错的代码行即显示错误并停下。

可以利用谷歌浏览器的开发者工具进行断点调试。

2. 调试步骤

打开谷歌浏览器，按 F12 键，打开 Sources 选项卡找到需要调试的文件（见图 2-2），在程序的某一行设置断点。

调试中的相关操作如下：

- Watch：监视，可以监视变量的值的变化，非常常用。
- 按 F10 键：程序单步执行，此时可以观察 Watch 中变量的值的变化。
- 按 F8 键：跳到下一个断点处，如果后面没有断点了，则程序执行结束。

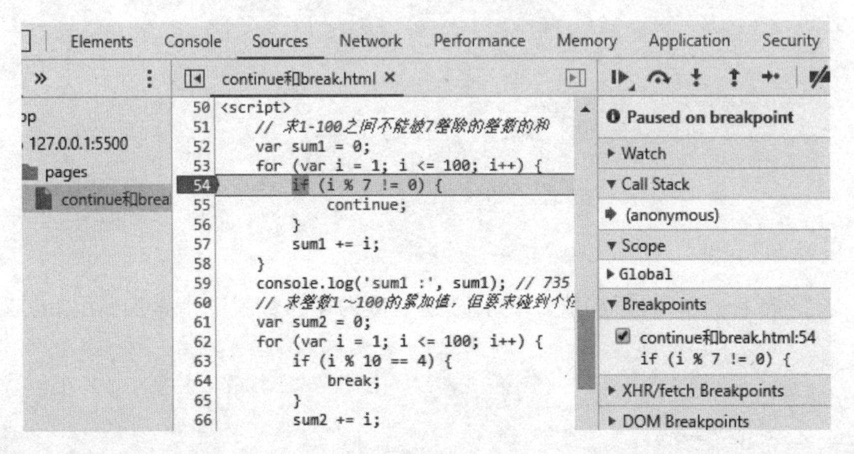

图 2-2

注　意
监视变量，不要监视表达式，如果监视了表达式，那么这个表达式也会执行。

代码调试的能力非常重要，只有学会了代码调试，才能学会自己解决 bug 的能力。初学者不要觉得调试代码很麻烦就不去调试。知识点，花点功夫肯定学得会；代码调试，如果自己不动手实践，则永远都学不会。

第 3 章 数组、函数、作用域

本章主要介绍数组、函数、作用域的相关知识。

数组是有序的集合，它拥有索引。JavaScript 中的数组是弱类型，可含有不同类型元素。

函数是一块代码，只需定义一次，即可调用多次，使得代码的复用成为可能。

作用域是指变量可以起作用的范围，即使用范围。作用域可分为全局作用域和局部作用域。内层函数可访问所有外层函数的局部变量，这就是作用域链。在后面章节讲到的闭包其实也是作用域的一种体现。

3.1 数组

3.1.1 为什么要学习数组

之前学习的数据类型只能存储一个值（比如：number/string），我们来看一下数组数据类型存储多个值的情况。

假设百晓生做了一个兵器谱排名，我们想存储兵器谱排名信息，此时就可以使用数组。

```
var sort=["天机棒","龙凤双环","小李飞刀","嵩阳铁剑","温侯银戟","蛇鞭","金刚铁拐","青魔手","东海玉萧"]
```

3.1.2 数组的概念

将多个元素（通常是同一类型）按一定顺序排列到一个集合中，这个集合就称为数组。

数组的作用是可以一次性存储多个数据。

3.1.3 数组的定义

数组是一个有序的列表，可以在数组中存放任意数据，并且数组的长度可以动态调整。

1. 通过构造函数创建数组

语法：

```
var 数组名=new Array();
```

直接输出数组的名字，就可以直接把数组中的数据显示出来，如果没有数据，就看不到数据。

```
var arr = new Array();//定义一个数组
console.log(arr); //Array(0)
alert(arr);//空的弹窗，什么内容都不显示
```

说 明

第一次控制台中显示的是 Array(0)，刷新一下浏览器就会显示[]。有些版本的浏览器可能第一次打开就会直接显示[]。不管是展示的 Array(0)还是[]，都表示这是一个空数组。

声明一个带长度的数组：

```
var 数组名=new Array(长度);
```

如果数组中没有数据，但是有长度，数组中的每个值就是 undefined。

```
var arr = new Array(3);
console.log(arr[0], arr[1], arr[2]);//undefined undefined undefined
```

以构造函数的方式创建数组的时候，如果在“Array(多个值);”这个数组中存在数据，那么数组的长度就是这些数据的个数：

```
var arr = new Array("松树", "竹子", "梅花");
console.log('arr :', arr); //arr : (3) ["松树", "竹子", "梅花"]
```

2. 通过数组字面量创建数组

格式：var 数组名=[];//空数组

```
var arr = [];
console.log(arr); //[]
```

字面量创建数组，如果在[]中有多个值，那么这个数组中就有数据了，数组的长度就是[]中元素的个数。

```
var person = ["孙白发", "上官金虹", "李寻欢"];
```

无论是以构造函数的方式还是以字面量的方式定义的数组，如果有长度，那么默认是 undefined。

- 数组元素：数组中存储的数据，比如存储了 3 个数据，数组中就有 3 个元素。
- 数组长度：数组元素的个数，比如有 3 个元素，就表示这个数组的长度是 3。
- 数组索引（下标）：用来存储或者访问数组中的数据。索引从 0 开始，到数组长度减 1 时结束。

数组的索引和数组的长度的关系：数组长度减 1 就是最大的索引值。

```
var arr = new Array(3);
```

上述代码表示以构造函数的方式定义了一个数组，数组中有 3 个元素，数组长度是 3，数组最大索引值是 2，数组中的每个数据都是 undefined。

3.1.4　获取数组元素

数组的取值：获取数组对应下标又称索引的值，如果下标不存在，就返回 undefined。

格式：数组名[下标]

```
var person = ["孙白发", "上官金虹", "李寻欢"];
console.log(person[0]); //孙白发
console.log(person[1]); //上官金虹
console.log(person[2]); //李寻欢
console.log(person[3]); //undefined:这个数组的最大下标为 2
```

3.1.5　遍历数组

遍历：对数组的每一个元素都访问一次。

数组遍历的基本语法：

```
for(var i = 0; i < arr.length; i++) {
  // 数组遍历的固定结构
}
var arr = ["张三丰", "张无忌", "空见"];
for (var i = 0; i < arr.length; i++) {
    console.log(arr[i]);
}
//以 for-of 的方式遍历数组（后面讲）
for (var item of arr) {
    console.log(item);
}
```

3.1.6　数组中新增元素

1. 数组的赋值

格式：数组名[下标/索引] = 值;

如果下标有对应的值，就会把原来的值覆盖；如果下标不存在，就会给数组新增一个元素。

```
var person = ["孙白发", "上官金虹", "李寻欢"];
person[1] = "李寻欢"; //把"上官金虹"替换成"李寻欢"
person[3] = "阿飞"; //给数组新增加了一个"阿飞"
console.log('person :', person);
```

2. push 方法

```
person.push('荆无命'); //在数组的后面增加了一个值
```

数组中每新增一个元素，数组的长度自动变换。

数组中存储的数据类型可以不一样，不过通常我们都在数组中存储同一类型的数据。

```
var arr = ["梅、兰、竹、菊",100,true] ;
```

3.1.7 数组案例

（1）求数组中所有元素的和

```
var arr1 = [1, 3, 5, 7, 9];
var sum1 = 0;
for (var i = 0; i < arr1.length; i++) {
    sum1 += arr1[i];
}
console.log('求和:' + sum1); //25
```

（2）求数组中所有元素中的最大值

```
var arr2=[1, 2, 3, 4, 5, 6, 7, 21, 256, 257, 28, 29, 31]; //马兰开花二十一
//假设 max 变量中存储的是最大值
var max = arr2[0];
for (var i = 0; i < arr2.length; i++) {
    //判断这个变量的值和数组中每个元素的值是不是最大值
    if (max < arr2[i]) {
        max = arr2[i]; //赋值，把大的值给 max
    }
}
console.log("最大值:" + max); //257
```

（3）求数组中所有元素中的最小值

```
var arr3 = [1, 1, 1, 2, 3, 4, 5, 6, 7, 8, 9, 0]; //下雪-爱新觉罗·弘历
var min = arr3[0];//假设 min 里存储的就是最小值
for (var i = 0; i < arr3.length; i++) {
    if (min > arr3[i]) {
        min = arr3[i]; //赋值，把小的值给 min
    }
}
console.log("最小值:" + min); //0
```

（4）求数组中所有元素的平均值

```
var arr4 = [2, 4, 6, 8, 10];
var sum4 = 0;
for (var i = 0; i < arr4.length; i++) {
    sum4 += arr4[i];
}
console.log("平均值:" + sum4 / arr4.length); //6
```

（5）把数组中每个元素用-拼接到一起产生一个字符串并输出

```
var arr5 = ["花有重开日", "人无再少年", "岁月流走", "蓦然回首"];
var str = "";//空的字符串
```

```
for (var i = 1; i < arr5.length; i++) {
    str += "-" + arr5[i];
}
//花有重开日-人无再少年-岁月流走-蓦然回首
console.log(arr5[0] + str);
//方式二
console.log(arr5.join('-')); //通过 join 方法，后面讲
```

（6）反转数组——把数组中的数据位置调换

```
var arr6 = [1, 2, 3, 4, 5];
//循环的目的是控制交换的次数
for (var i = 0; i < arr6.length / 2; i++) {
    //先把第一个元素的值放在第三方变量中
    var temp = arr6[i];
    arr6[i] = arr6[arr6.length - 1 - i];
    arr6[arr6.length - 1 - i] = temp;
}
console.log("数组反转：", arr6); //数组反转： (5) [5, 4, 3, 2, 1]
```

（7）冒泡排序——把所有的数据按照一定的顺序进行排列（从小到大或从大到小）

```
var arr7 = [10, 20, 50, 30, 80, 40];
//循环控制比较的轮数
for (var i = 0; i < arr7.length - 1; i++) {
    //控制每一轮比较的次数
    for (var j = 0; j < arr7.length - 1 - i; j++) {
        if (arr7[j] < arr7[j + 1]) { //从大到小排列
            var temp = arr7[j]; //利用临时变量来交换数据
            arr7[j] = arr7[j + 1];
            arr7[j + 1] = temp;
        }
    }
}
console.log("冒泡：", arr7);//冒泡： (6) [80, 50, 40, 30, 20, 10]
```

3.2 函数

3.2.1 为什么要有函数

如果在多个地方进行同一个操作，怎么办？每次用到都重新写一次或者复制粘贴一份代码吗？能否将一些独立的功能实现封装起来，在其他需要用到这个功能的地方，调用一下就可以了？——使用函数就可以解决这些问题。

3.2.2 什么是函数

把一段相对独立的、具有特定功能的代码块封装起来，形成一个独立实体，就是函数。为函数起个名字（函数名），在后续开发中可以反复调用。

3.2.3 函数的声明

函数声明：

```
function 函数名(){
  // 函数体
}
```

函数表达式：

```
var fn = function() {
  // 函数体
}
```

特点：

声明函数的时候，函数体并不会执行，只有当函数被调用的时候才会执行函数体。通常使用动词+名词来给函数命名，表示做某件事情，如 tellStory、sayHello 等。

函数名字建议遵循驼峰命名法。

```
//函数定义
function doSomething() {
    console.log('无形装酷');
}
```

3.2.4 函数的调用

调用函数的语法：

```
函数名();
```

特点：函数体只有在调用的时候才会执行。函数需要先定义，然后才能使用，函数可以调用多次（重复使用）。

代码示例：

```
//函数定义：求一个数组的和
function getSum() {
    var arr = [1, 3, 5, 7, 9];
    var sum = 0;
    for (var i = 0; i < arr.length; i++) {
        sum += arr[i];
    }
```

```
    console.log(sum);
}
//调用函数
getSum(); //25
```

一旦重名，后面的函数就会把前面的函数覆盖。

```
function doSomething() {
    console.log('无形装酷');
}
function doSomething() {
    console.log('最是致命');
}
doSomething(); //最是致命
```

3.2.5　函数的参数

函数内部是一个封闭的环境，可以通过参数的方式把外部的值传递给函数内部。

在函数定义的时候，函数名字后面的小括号里的变量就是参数，目的是函数在调用的时候使用用户传进来的值操作。

语法：

```
// 带参数的函数声明
function 函数名(形参 1, 形参 2, 形参...){
  // 函数体
}
// 带参数的函数调用
函数名(实参 1, 实参 2, 实参 3);
```

函数为什么要有参数？

虽然上面的 getSum 函数中的代码可以重复调用，但是只能求特定数组的和，如果想求其他数组的和，那需要再重新写一个函数吗？这时，我们可以把变化的部分（数组）提取出来作为一个函数的参数。

```
function getSumByArr(arr) {
    var sum = 0;
    for (var i = 0; i < arr.length; i++) {
        sum += arr[i];
    }
    console.log(sum);
}
var arr = [2, 4, 6, 8, 10];
getSumByArr(arr);//30
```

在声明一个函数的时候，为了使函数的功能更加灵活，有些值是固定不了的。对于这些固定不了的值，我们可以给函数设置参数。这个参数没有具体的值，仅仅起到一个占位置的作用，通常称之为形式参数，也叫形参。

如果函数在声明时设置了形参，那么在函数调用的时候就需要传入对应的参数，我们把传入的参数叫作实际参数，也叫实参。

示例代码：

```
var x = 1, y = 2;
fn(x, y); //3
function fn(a, b) {
    console.log(a + b);
    a--; b--;
}
console.log(x, y);//1 2
```

代码说明：x、y 是实参，有具体的值。函数执行的时候会把 x、y 复制一份给函数内部的 a 和 b，函数内部的值是复制的新值，无法修改外部的 x、y。

3.2.6 函数的返回值

当函数执行完的时候，并不是所有时候都要把结果打印出来。我们期望函数给我们一些反馈（比如将计算结果返回以方便进行后续的运算），这时可以让函数返回一些东西，也就是返回值。函数通过 return 返回一个返回值。

```
//声明一个带返回值的函数
function 函数名(形参 1, 形参 2, 形参...){
  //函数体
  return 返回值;
}
//可以通过变量来接收这个返回值
var 变量 = 函数名(实参 1, 实参 2, 实参 3);
```

函数的调用结果就是返回值，因此我们可以直接使用函数的调用结果。

如果函数没有显式地使用 return 语句，那么函数会返回默认的返回值 undefined。如果函数使用 return 语句，那么跟在 return 后面的值就成了函数的返回值；如果函数使用 return 语句，但是 return 后面没有任何值，那么函数的返回值也是 undefined；函数使用 return 语句后，这个函数就会在执行完 return 语句之后停止并立即退出，也就是说 return 后面的所有其他代码都不会再执行。

推荐的做法是要么让函数始终都返回一个值，要么永远都不要返回值。

示例：求 n~m 之间所有数的和。

```
function getRangeSum(n, m) {
    var sum = 0;
```

```
    for (var i = n; i <= m; i++) {
        sum += i;
    }
    return sum;
}
console.log(getRangeSum(1, 10)); //55
```

3.2.7　arguments 的使用

JavaScript 中，arguments 是一个比较特别的对象，实际上它是当前函数的一个内置属性。也就是说，所有函数都内置了一个 arguments 对象，arguments 对象中存储了传递的所有实参。arguments 是一个伪数组，因此可以进行遍历。

示例：求传入的参数和。

```
function fun() {
    // 使用 arguments 对象可以获取传入的每个参数的值
    var sum = 0;
    for (var i = 0; i < arguments.length; i++) {
        sum += arguments[i];
    }
    return sum;
}
console.log(fun(1, 2, 3));//6
console.log(fun(2, 8));//10
```

3.2.8　匿名函数

匿名函数是指没有名字的函数。

匿名函数如何使用？

- 将匿名函数赋值给一个变量，就可以通过变量进行调用了。
- 匿名函数自调用。

匿名函数自调用的作用是防止全局变量污染。

声明一个普通函数，然后将函数的名字去掉，由于不符合语法要求，因此会报错：

```
function(){
}
```

只需要给匿名函数包裹一个括号即可：

```
// 匿名函数
(function () {
    console.log('好春光');
})
```

3.2.9 自调用函数

匿名函数不能直接调用来执行，因此可以通过匿名函数的自调用方式来执行，具体如下：

```
(function () {
    console.log("hello");
})();
```

函数的自调用没有名字，声明的同时直接调用，只执行一次。

3.2.10 函数的数据类型

函数是有数据类型的，即 function。

获取函数类型：

```
function fn() { }
console.log(typeof fn); //function
```

1. 函数作为类型

把一个函数给一个变量，此时形成了函数表达式：

```
var 变量=匿名函数;
```

如果是函数表达式，那么此时前面的变量中存储的就是一个函数，而这个变量就相当于一个函数，可以直接加小括号调用。

```
var f1 = function () {
    console.log('函数')
}
f1();
```

2. 函数作为参数

因为函数也是一种类型，所以可以把函数作为另一个函数的参数，在另一个函数中调用，此时这个参数(函数)可以叫回调函数。只要一个函数作为参数使用了，那么它就是回调函数。

```
function startSay(fn) {         //fn 是一个回调函数
    console.log("我说");
    fn();//fn 此时是一个函数
}
function subSay() {
    console.log("我说 桥边姑娘");
}
startSay(subSay);
```

3. 函数作为返回值

可以把函数可以作为返回值从函数内部返回，这种用法也很常见，例如：

```
function fn(b) {
    var a = 1;
    return function () {
        console.log(a + b);
    }
}
fn(4)();//5
```

3.3 作用域

作用域是指变量可以起作用的范围，即使用范围。

3.3.1 全局变量和局部变量

1. 全局变量

在任何地方都可以访问到的变量就是全局变量，对应全局作用域。

除了函数以外，其他任何位置定义的变量都是全局变量。全局变量可以在页面的任何位置使用。

```
var day = "2020-03-15";
{
    var num = 10;
    console.log(day);//2020-03-15
}
console.log(num);//10

if (true) {
    var name = "金竹山";
}
console.log(name);//金竹山

for (var i = 0; i < 1; i++) {
    var week = "星期一";
}
console.log(week);//星期一
```

不使用 var 声明的变量是隐式全局变量，不推荐使用，因为页面不关闭，它就不会释放内存。

```
function f1() {
   number = 27; //隐式全局变量
}
```

```
f1();
console.log(number);//27
```

全局变量是不能被删除的，而隐式全局变量是可以被删除的。

```
var num1 = 1;
num2 = 2;
delete num1;//把 num1 删除了
delete num2;//把 num2 删除了
console.log(typeof num1);//number
console.log(num1 + 10); //11
console.log(typeof num2);//undefined
```

2. 局部变量

局部变量是指只在固定的代码片段内可访问到的变量，最常见的是函数内部，对应局部作用域（函数作用域），外面不能使用。

```
function fn() {
    var book = "Vue.js 2.x 实践指南";
}
console.log(book); //Uncaught ReferenceError: book is not defined
```

变量退出作用域之后会销毁。

全局变量关闭网页或浏览器才会销毁，如果页面不关闭，就不会释放空间，从而消耗内存。

有时候，我们发现电脑很慢，因为每打开一个软件应用都会占用内存空间，当打开的应用比较多的时候电脑内存空间被占用得多。

3.3.2 块级作用域

任何一对花括号（{}）中的语句集都属于一个块，在块中定义的所有变量在代码块外都是不可见的，我们称之为块级作用域。在 ES5 之前没有块级作用域的概念，只有函数作用域，现阶段可以暂时认为 JavaScript 没有块级作用域。

```
{
    var num = 10;
}
console.log(num);//10
```

3.3.3 词法作用域

函数在定义的时候就决定了作用域。JavaScript 采用词法作用域（静态作用域），只关心函数在何处被定义。

在 JS 中词法作用域的规则如下：

- 函数允许访问函数外的数据。

- 整个代码结构中只有函数可以限定作用域。
- 作用域规则首先使用提升规则分析。
- 如果当前作用规则中有名字了，就不考虑外面的名字。

示例代码：

```
var msg = "他是横空出世的英雄";
var nextMsg = "他有海阔天空的心胸";
function sing() {
    var nextMsg = "他是盖世无双的侠客";
    console.log(msg);
    console.log(nextMsg);
}
sing();
//他是横空出世的英雄
//他是盖世无双的侠客
```

3.3.4 作用域链

只有函数可以制造作用域结构，只要是代码，就至少有一个作用域，即全局作用域。只要代码中有函数，就可以构成一个作用域。如果函数中还有函数，那么在这个作用域中就可以诞生另一个作用域。

将所有的作用域列出来，可以组成一个结构：函数内指向函数外的链式结构，称为作用域链。

```
function f1() {
    var num = 2;//1 级链
    function f2() {
        num = 3;//2 级链
        console.log(num);
    }
    f2();
}
var num = 1; //0 级链
f1();//3: 0 级链
```

在作用域链中查找变量的过程如下：

（1）查看当前作用域，如果当前作用域声明了这个变量，就可以直接访问。

（2）查找当前作用域的上级作用域，也就是当前函数的上级函数，看上级函数中有没有声明，有就返回变量，没有则继续下一步。

（3）查找上上级函数，直到全局作用域为止，有就返回，无则继续。

（4）如果全局作用域中也没有，我们就认为这个变量未声明（undefined）。

3.3.5 变量提升

定义变量的时候，变量的声明会被提升到作用域的最上面，变量的赋值不会提升。

```
console.log(num); //undefined
var num = 10;
```

变量提升后：

```
var num;
console.log(num); //undefined
num=10;
```

JavaScript 解析器会把当前作用域的函数声明提升到整个作用域的最前面。

```
say(); //刀，是什么样的刀？金丝大环刀！
function say() {
    console.log('刀，是什么样的刀？金丝大环刀！');
}
```

函数提升后：

```
function say() {
    console.log('刀，是什么样的刀？金丝大环刀！');
}
say(); //刀，是什么样的刀？金丝大环刀！
```

3.3.6 预解析

JavaScript 代码的执行是由浏览器中的 JavaScript 解析器来执行的。JavaScript 解析器执行 JavaScript 代码的时候分为两个过程：预解析过程和代码执行过程。

预解析过程如下：

（1）把变量的声明提升到当前作用域的最前面，只会提升声明，不会提升赋值。
（2）把函数的声明提升到当前作用域的最前面，只会提升声明，不会提升调用。
（3）先提升变量，再提升函数。

```
fun();//undefined ——执行调用
var num = 97;//这个变量的声明会提升到变量使用之前
function fun() {
    console.log(num);
}
```

由于变量和函数的声明提升到了当前作用域的最前面，因此上述代码预解析后等价于：

```
var num;
function fun() {
    console.log(num);
```

```
}
fun();//undefined ——执行调用
num = 97;
```

函数中的变量只会提前到函数的作用域中的最前面，不会出去。

```
var num = 97;
fun();//undefined ——执行调用
function fun() {
    console.log(num);
    var num = 99;//这个变量的声明会提升到变量使用之前
}
console.log(num);//97
```

上述代码预解析后等价于：

```
var num = 97;
function fun() {
    var num;
    console.log(num);
    num = 99;
}
fun();//undefined ——执行调用
  console.log(num);//97
```

预解析会分段（多对的 script 标签中函数重名，预解析的时候不会冲突）：

```
<script>
    say();//他有海阔天空的心胸
    function say() {
        console.log('他有海阔天空的心胸')
    }
</script>
<script>
    say();//他是盖世无双的侠客
    function say() {
        console.log('他是盖世无双的侠客')
    }
</script>
```

JavaScript 代码执行过程中，若变量和函数同名，则函数优先执行。

```
console.log(say);
var say = 1;
console.log(say);
function say() {
    console.log('函数调用')
```

```
}
console.log(say);
```

代码预解析后：

```
var say;
function say() {
    console.log('函数调用')
}
console.log(say);
say = 1;
console.log(say);//1
console.log(say);//1
```

运行结果如图 3-1 所示。

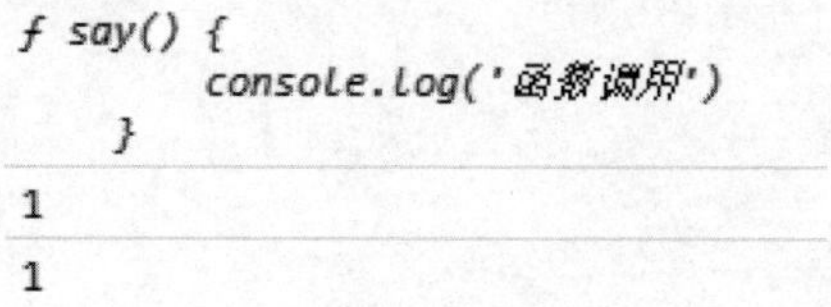

```
ƒ say() {
        console.log('函数调用')
    }
1
1
```

图 3-1

第 4 章

对象和内置对象

本章主要介绍 JavaScript 中的对象和内置对象。面向对象有三大特征：封装、继承、多态。而 JavaScript 是基于对象的，因为面向对象的机制并没有完善，需要我们人为地通过原型链和构造函数的方式来实现继承。除了对象和内置对象外，本章还将对 JavaScript 的值类型和引用类型进行详细的讲解。

4.1 对象

4.1.1 为什么要有对象

函数的参数特别多的话，可以使用对象简化。

可以将多个函数和属性封装到一个对象中，以方便管理。

对象有特征和行为，特指某一个事物。对象可以很好地封装代码。

4.1.2 什么是对象

我们可以从两个层次来理解对象。

（1）对象是单个事物的抽象。

一本书、一辆汽车、一个人都可以是对象，一个数据库、一张网页、一个与远程服务器的连接也可以是对象。当实物被抽象成对象时，实物之间的关系就变成了对象之间的关系，从而可以模拟现实情况，针对对象进行编程。

（2）对象是一个容器，封装了属性（property）和方法（method）。

属性是对象的状态，方法是对象的行为（完成某种任务）。比如，我们可以把动物抽象为 animal 对象，使用“属性”记录具体是哪一种动物，使用“方法”表示动物的某种行为（奔跑、捕猎、休息等）。

在实际开发中，对象是一个抽象的概念，可以将其简单理解为数据集或功能集。

ECMAScript-262 把对象定义为无序属性的集合，其属性可以包含基本值、对象或者函数。严格来讲，这就相当于说对象是一组没有特定顺序的值。对象的每个属性或方法都有一个名字，而每个名字都映射到一个值。

> **提 示**
>
> 每个对象都是基于一个引用类型创建的，这些类型可以是系统内置的原生类型，也可以是开发人员自定义的类型。

4.1.3 JavaScript 中的对象

JavaScript 中的对象其实就是生活中对象的一个抽象，是无序属性（可以包含基本值、对象或函数）的集合。

我们可以把 JavaScript 中的对象想象成键值对，其中的值可以是数据和函数。

事物的特征在对象中用属性来表示，事物的行为在对象中用方法来表示。

什么是 JavaScript 对象字面量?

在编程语言中，字面量是一种表示值的记法。例如，“Hello, World!”在许多语言中都表示一个字符串字面量，JavaScript 也是如此。字面量表示如何表达这个值，一般除去表达式，给变量赋值时，等号右边都可以认为是字面量。使用对象字面量，可以在创建对象时直接向对象中添加属性。

4.1.4 对象创建方式

对象创建的方式主要有四种，后续章节会有详细讲解，这里先简单了解即可。

- 字面量创建

```
var obj = {
    name: "楚留香",
    age: 32,
    identity: "盗帅",
    skill: function () {
        console.log("弹指神功")
    }
}
```

- new Ob5ject()创建对象

```
var user = new Object();
user.name = '陆小凤';
user.age = 35;
user.identity = '大侠';
user.skill = function () {
    console.log('灵犀一指');
}
```

- 工厂函数创建对象

```
function createPerson(name, age, identity) {
```

```
        var person = new Object();
        person.name = name;
        person.age = age;
        person.identity = identity;
        person.skill = function () {
            console.log('天外飞仙');
        }
        return person;
    }
    var per = createPerson('叶孤城', 32, '白云城主');
```

- 自定义构造函数

```
    function Person(name, age, identity) {
        this.name = name;
        this.age = age;
        this.identity = identity;
        this.skill = function () {
            console.log('夺命十三剑');
        }
    }
    var person = new Person('燕十三', 27, '剑客');
```

4.1.5 属性和方法

如果一个变量属于一个对象所有，那么该变量就可以称为对象的一个属性。属性一般是名词，用来描述事物的特征。如果一个函数属于一个对象所有，那么该函数可以称为该对象的一个方法。方法是动词，描述事物的行为和功能。

- 添加属性：对象.名字=值
- 访问属性：对象.名字或者对象["名字"]
- 添加方法：对象.名字=函数
- 访问方法：对象.名字()

JS 是一门动态类型的语言，代码（变量）只有执行到这个位置的时候，才知道这个变量中到底存储的是什么——如果是对象，就有对象的属性和方法；如果是变量，就有变量的类型，是由赋值什么类型的数据来决定这个变量存储的是什么。

如果对象中没有什么属性和方法，那么通过点(.)语法，为对象添加属性或者方法。

```
var baseObj={};
baseObj.name="诗-胡晓"; //字符串类型
//方法
baseObj.say=function(){
    console.log('韶华易逝，莫负流年');
}
```

```
console.log(baseObj["name"]);//诗-胡晓
```

4.1.6　new 关键字

构造函数是一种特殊的函数，主要用来在创建对象时初始化对象，即为对象成员变量赋初始值，总与 new 运算符一起使用在创建对象的语句中。

构造函数用于创建一类对象，首字母要大写。

构造函数要和 new 一起使用才有意义。

new 在执行时会做四件事情：

- new 会在内存中创建一个新的空对象。
- new 会让 this 指向这个新的对象。
- 执行构造函数，目的是给这个新对象加属性和方法。
- new 会返回这个新对象。

4.1.7　this 关键字

JavaScript 中的 this 指向问题有时会让人难以捉摸，随着学习的深入，我们可以逐渐了解。

我们需要掌握函数内部 this 的几个特点：

- this 在函数定义的时候是不确定的，只有在调用的时候才可以确定。
- 一般函数直接执行，内部 this 指向全局 window。
- 函数作为一个对象的方法，被该对象所调用，那么 this 指向的是该对象。
- 构造函数中的 this 其实是一个隐式对象，类似一个初始化的模型，所有方法和属性都挂载到了这个隐式对象上，后续通过 new 关键字来调用，从而实现实例化。

this 最终指向的是调用它的对象，如下代码所示，这里的函数 fun 实际是被 window 对象所点出来的。

```
function fun() {
    var name = "一萧烟雨";
    console.log(this.name == window.name);//true
    console.log(this.name); //空白
    console.log(this); //Window
}
fun();
window.fun(); //等价于 fun();
```

再看一个示例：

```
var obj = {
    name:"一萧烟雨",
    fun:function(){
        console.log(this.name);  //一萧烟雨
    }
```

```
}
obj.fun();
```

这里的 this 指向的是对象 obj，因为此时 fun 是通过 obj.fn()调用的，所以自然指向对象 obj。

4.1.8　对象操作

1. 遍历对象的属性

JSON 格式的数据是成对的键值对，用逗号隔开。JSON 数据也是一个对象，并且都是成对的。通常 JSON 格式的数据无论是键还是值都是用双引号括起来的。

遍历对象不能通过 for 循环遍历，因为它是无序的，可以通过 for-in 循环的方式来遍历。

```
var user = {
    name: '冷面寒枪-罗成',
    age: 22,
    wife: '窦线娘'
};
for (var key in user) {
    console.log(key + ':' + user[key]);
}
```

运行结果如下：

```
name:冷面寒枪-罗成
age:22
wife:窦线娘
```

注意：如果直接通过 user.key 来访问，就会发现是 undefined，因为此时的 key 是一个字符串，而不是对象的属性。

```
console.log(key + ':' + user.key);
//name:undefined age:undefined wife:undefined
console.log(typeof key); //string
```

2. 删除对象的属性

删除对象属性的格式：delete 对象.属性。示例如下：

```
delete user.wife;
for (var key in user) {
    console.log(key + ':' + user[key]);
}
```

运行结果如下：

```
name:冷面寒枪-罗成
age:22
```

4.2 基本类型和复杂类型

在存储时，基本类型变量中存储的是值本身，因此也叫作值类型。

在存储时，复杂类型变量中存储的仅仅是地址（引用），因此也叫作引用类型。

JS 中的原始数据类型为 number、string、boolean、undefined、null、object。注意：是小写字母开头，大写字母开头的是对象。其中：

- 值类型：number、string、boolean。
- 引用类型：object。
- 空类型：undefined、null。

值类型的值在栈中存储；引用类型的值在堆上存储，地址在栈上存储。

4.2.1 堆和栈

栈（操作系统）：由操作系统自动分配释放，存放函数的参数值和局部变量的值等。其操作方式类似于数据结构中的栈。

堆（操作系统）：存储复杂类型（对象），一般由程序员分配释放，若程序员不释放，则由垃圾回收机制自动回收，分配方式类似于数据结构中的链表。

注 意
JavaScript 中没有堆和栈的概念，此处我们用堆和栈来讲解是为了方便理解和学习。

4.2.2 值类型在内存中的存储

值类型在栈中存储，以如下代码为例：

```
var name="沈浪";
var age=27;
```

在内存中的存储如图 4-1 所示。

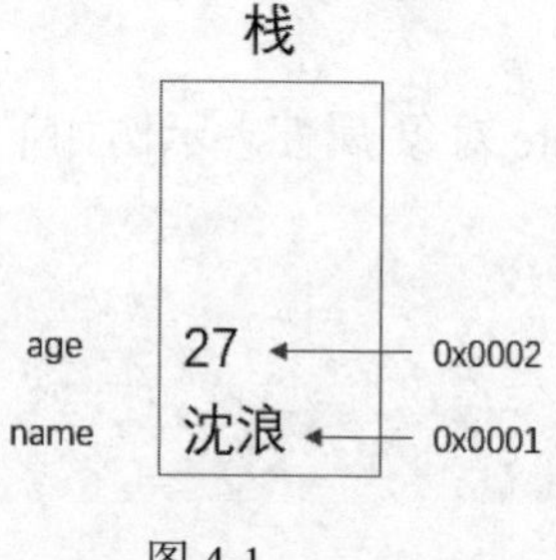

图 4-1

值类型在栈中存储时，栈当中开辟了一块内存空间，用于存放值类型的数据，同时指定一个内存地址。如果把值类型数据比作图书，那么内存地址就好比图书馆图书的编号，要找某一本书的时候，可以直接通过这个编号来快速寻找。

内存地址只是一个编号，代表一个内存空间，可以用 4 位十六进制或 8 位十六进制表示。

4.2.3　引用类型在内存中的存储

引用类型在堆中存储，同时在栈中开辟一小块空间用于存储引用类型数据的地址，堆在存放引用类型数据的同时也会存放一个内存地址。每当要查找引用类型数据时，就先去栈中查找到对应的内存地址，然后根据这个内存地址到堆上获取具体的数据。

引用类型赋值时，复制的只是栈中的引用地址，也就是说新的变量只是在栈上开辟一块新的内存空间，用于存放引用类型的地址而已，以如下代码为例：

```
var baseObj = {
    name: '霍天都',
    nickname: '天都居士',
    weapons: '剑',
    say: function () { }
}
var other = baseObj;
```

引用类型变量在内存中的存储如图 4-2 所示。

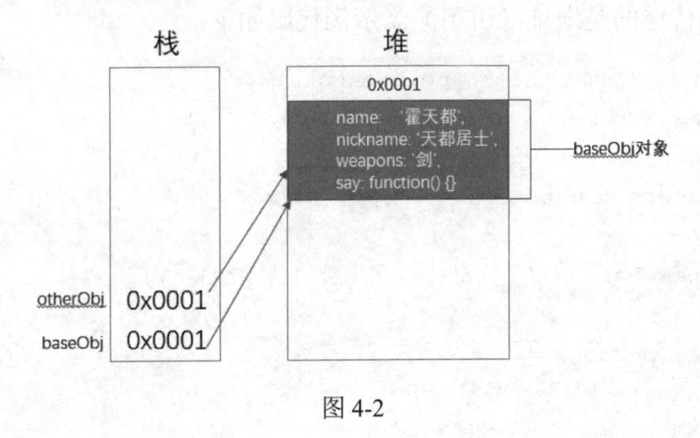

图 4-2

4.2.4　将值类型作为函数的参数

值类型之间传递的是值，示例代码如下：

```
var x = 1;
var y = 2;
fun(x, y);
function fun(num1, num2) {
    num1 = num1 + 1;
    num2 = num2 + 2;
    console.log(x, y, num1, num2);//1 2 2 4
}
```

在内存中的存储如图 4-3 所示。

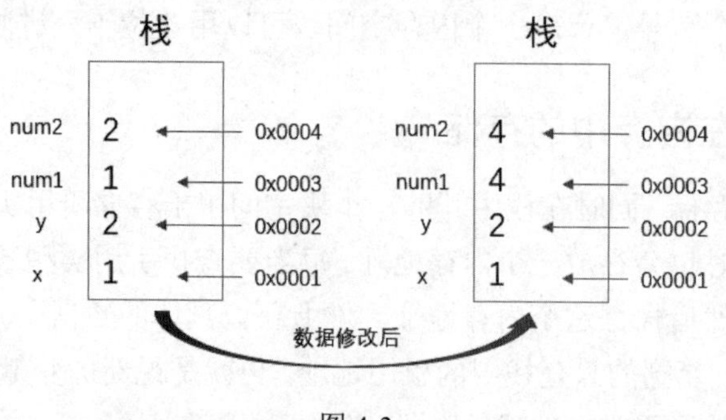

图 4-3

当我们调用方法 fun 的时候，num1 和 num2 分别从 x 和 y 复制一份数据存放在栈上，新开辟了内存空间，内存地址有了变化。往栈中存放数据是有先后顺序的，x 先声明，最先进行压栈操作，所以存放在最下面。

当 fun 中给变量 num1 加 1、给变量 num2 加 2 时，直接在栈上找到这两个变量，并修改它们的值。

4.2.5 将引用类型作为函数的参数

引用类型之间传递的是地址（引用）。示例代码如下：

```
function Person(name, nickname, weapons) {
    this.name = name;
    this.nickname = nickname;
    this.weapons = weapons;
}
var per1 = new Person('吴六奇', '雪中神丐', '竹棒');

function fun1(person) {
    person.name = "夏雪宜";
    person.nickname = "金蛇郎君";
    person.weapons = "金蛇剑";
}
fun1(per1);
//Person {name: "夏雪宜", nickname: "金蛇郎君", weapons: "金蛇剑"}
console.log(per1);
```

在内存中的存储如图 4-4 所示。

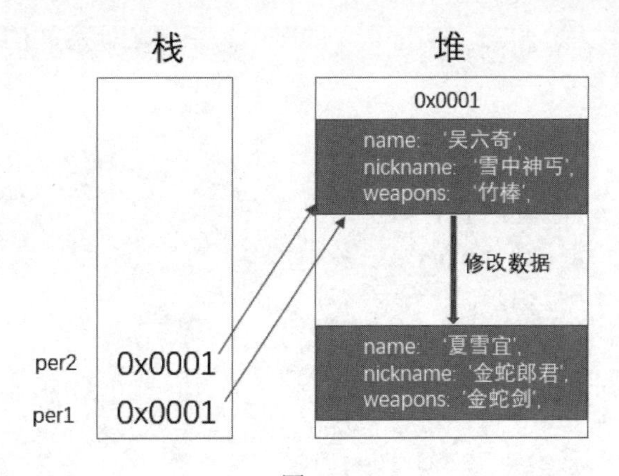

图 4-4

当把引用类型 per1 当作参数进行传递时，传递的是引用，所以在栈中变量 per2 复制了 per1 的引用，并存储在栈中。由于引用地址不变，因此它们指向的是堆上同一片内存空间，当我们修改 per2 对象中的数据时，实际上也就修改了所有引用这个地址的对象的数据（即 per1）。

4.3 内置对象

JavaScript 中的对象（带有属性和方法的特殊数据类型）分为三种：内置对象、浏览器对象、自定义对象。

JavaScript 提供了多个内置对象，如 Math、Date、Array、Number、String、Boolean。内置对象的方法很多，学习一个内置对象的使用，只要学会其常用成员的使用即可（可以通过 MDN/W3C 来查询文档学习）。

提　示
Mozilla 开发者网络（MDN）提供有关开放 Web 技术（Open Web）的信息，包括 HTML、CSS、万维网及 HTML5 应用的 API。

4.3.1 Math 对象

Math 对象不是构造函数，它具有数学常数和函数的属性、方法，它以静态成员的方式提供跟数学相关的运算，直接通过 Math.的形式来调用其中的成员（属性和方法），比如：

```
Math.PI                          // 圆周率
Math.random()                    // 生成随机数
Math.floor() / Math.ceil()       // 向下取整/向上取整
Math.round()                     // 取整，四舍五入
Math.abs()                       // 绝对值
Math.max() / Math.min()          // 求最大值/最小值
Math.sin() / Math.cos()          // 正弦/余弦
```

```
Math.power() / Math.sqrt()                    // 求指数次幂/平方根
```

示例代码：

```
console.log(Math.abs('-1'));//1
console.log(Math.abs(null));//0
console.log(Math.abs("string"));//NaN
console.log(Math.ceil(11.7)); //12
console.log(Math.ceil(11.2)); //2
console.log(Math.floor(11.7)); //11
console.log(Math.floor(11.2)); //11
console.log(Math.max(1, 2, 3));//3
console.log(Math.min(1, 2, 3));//1
```

示例：取 1~100 的随机数。

```
// 取 1~100 的随机数
function sum(m, n) {
    var num = Math.floor(Math.random() * (m - n) + n);
    console.log('随机数：' + num)
}
sum(1, 100);
```

4.3.2 Date 对象

Date 对象用来处理日期和时间。Date 对象是基于 1970 年 1 月 1 日（世界标准时间）起的毫秒数。

```
// 获取当前时间
var now = new Date();
console.log(now.valueOf()); //1584789027582
```

HTML5 中提供的获取当前时间的方法有兼容性问题，只有支持 HTML5 的浏览器才支持：

```
var d3 = Date.now();
console.log('d3 :', d3); //1584789543600
```

Date 构造函数的参数

- 毫秒数

```
var val = new Date(1584789027582);
console.log('val :', val); //Sat Mar 21 2020 19:10:27 GMT+0800(中国标准时间)
```

- 日期格式字符串

```
var d1 = new Date('2020-3-21');
console.log('d1 :', d1);//Sat Mar 21 2020 00:00:00 GMT+0800 (中国标准时间)
```

- 年、月、日

```
var d2 = new Date(2020, 2, 21);  // 月份是从 0 开始的
console.log('d2 :', d2); //Sat Mar 21 2020 00:00:00 GMT+0800 (中国标准时间)
```

注　意
不同时间点，获取到的毫秒数是不一样的。

在上面的代码中，获取的日期和时间不是我们想要看到的格式，我们可以对日期时间进行格式化。

日期格式化方法如下：

```
toString()        // 转换成字符串
valueOf()        // 获取毫秒值
```

下面格式化日期的方法在不同浏览器中可能表现不一致，一般不用：

```
toDateString()
toTimeString()
toLocaleDateString()
toLocaleTimeString()
```

示例如下：

```
var dt = new Date();
console.log(dt.toDateString());//Sat Mar 21 2020——英文的日期
console.log(dt.toLocaleDateString());//2020/3/21——数字格式日期

console.log(dt.toTimeString());//22:00:27 GMT+0800(中国标准时间)——小时分钟秒
console.log(dt.toLocaleTimeString());//下午 10:00:27——小时分钟秒

console.log(dt.valueOf());//1584799227049——毫秒值
console.log(dt);//Sat Mar 21 2020 22:00:27 GMT+0800(中国标准时间)
//Sat Mar 21 2020 22:00:27 GMT+0800(中国标准时间)——转成字符串
console.log(dt.toString());
```

获取日期指定部分：

```
getTime()      //valueOf()内部调用的 getTime()，返回毫秒数，它和 valueOf()结果一样
getMilliseconds()
getSeconds()  // 返回 0~59
getMinutes()  // 返回 0~59
getHours()    // 返回 0~23
getDay()      // 返回星期几（0~6），0 为周日，1 为周一，以此类推
getDate()     // 返回当前月的第几天
getMonth()    // 返回月份，注意月份是从 0 开始到 11 结束
getFullYear() //返回 4 位的年份，如 2020
```

示例如下：

```
var dt = new Date();
//获取年份
console.log(dt.getFullYear()); //2020
//获取月份
console.log(dt.getMonth() + 1);//3，是从 0 开始的，真实的月份需要加 1
//获取日期
console.log(dt.getDate()); //21
//获取小时
console.log(dt.getHours()); //21
//获取分钟
console.log(dt.getMinutes()); //58
//获取秒
console.log(dt.getSeconds()); //9
//获取星期
console.log(dt.getDay());//6，星期是从 0 开始的
```

示例：写一个函数，支持格式化日期对象，返回 yyyy-MM-dd HH:mm:ss 的形式。

```
function formatDate(d) {
    //如果 date 不是日期对象，返回
    if (!date instanceof Date) {
        return;
    }
    var year = d.getFullYear(),
        month = d.getMonth() + 1,
        date = d.getDate(),
        hour = d.getHours(),
        minute = d.getMinutes(),
        second = d.getSeconds();
    month = month < 10 ? '0' + month : month;
    date = date < 10 ? '0' + date : date;
    hour = hour < 10 ? '0' + hour : hour;
    minute = minute < 10 ? '0' + minute : minute;
    second = second < 10 ? '0' + second : second;
    return year + '-' + month + '-' + date + ' ' + hour + ':' + minute + '
:' + second;
}

var d4 = formatDate(new Date());
console.log('d4 :', d4); //2020-03-21 19:26:11
```

4.3.3　Array 对象

1. 数组对象的方式

创建数组对象有以下两种方式：

- 使用字面量创建数组对象。

```
var arr = [1, 2, 3,4];
```

- 构造函数创建数组对象。

```
// 创建一个空数组
var arr1 = new Array();
// 创建一个数组，里面存放 3 个字符串
var arr2 = new Array('刘玄德', '关云长', '张翼德');
// 创建一个数组，里面存放 4 个数字
var arr3 = new Array(1, 2, 3, 4);
```

获取数组中元素的个数：

```
console.log(arr.length);
```

2. 检测数组对象

检测一个对象是否是数组，有两种方法：

- Instanceof。
- Array.isArray()HTML5 中提供的方法，存在兼容性问题。

```
var obj = [];
console.log(obj instanceof Array);//true
console.log(Array.isArray(obj));//true
```

3. toString()/valueOf()方法

toString() ：把数组转换成字符串，逗号分隔每一项。
valueOf() ：返回数组对象本身。

```
var arr4 = ['段誉', '虚竹'];
console.log(arr4.toString());//段誉,虚竹
console.log(arr4.valueOf()); // ["段誉", "虚竹"]
```

4. 数组常用方法

（1）栈操作（先进后出）
push()：进栈，在数组的后面插入项，修改 length 属性。
pop()：出栈，取出数组中的最后一项，修改 length 属性。

```
var arr5 = [];
arr5.push('「恶贯满盈」段延庆');
```

```
arr5.push('「无恶不做」叶二娘');
console.log(arr5.pop(), arr5.length);//「无恶不做」叶二娘 1
```

（2）队列操作（先进先出）

shift()：取出数组中的第一个元素，修改 length 属性。

unshift()：在数组最前面插入项，返回数组的长度。

```
var arr6 = [];
arr6.unshift('「恶贯满盈」段延庆');
arr6.unshift('「无恶不做」叶二娘');
console.log('arr6 :', arr6);//["「无恶不做」叶二娘", "「恶贯满盈」段延庆"]
console.log(arr6.shift(), arr6.length);//「无恶不做」叶二娘 1
```

（3）排序方法

reverse()：翻转数组。

sort()：根据字符从小到大排序。

```
var arr7 = [21, 11, 7, 2, 17];
console.log(arr7.sort()); //[11, 17, 2, 21, 7]
var arr8 = [21, 11, 7, 2, 17];
console.log(arr8.reverse()); //[17, 2, 7, 11, 21]
```

（4）操作方法

concat()：把参数拼接到当前数组。

slice(start,end)：从当前数组中截取一个新的数组，不影响原来的数组。参数 start 必填，从 0 开始；end 从 1 开始。

splice(start, deleteCount, options)：删除或替换当前数组的某些项目，splice()方法会直接对数组进行修改。

```
var arr9 = [1, 3, 5];
console.log('arr9 :', arr9.concat(7, 9)); //[1, 3, 5, 7, 9]
console.log(arr9.slice(1)); //[3, 5]
console.log(arr9);//[1, 3, 5]
var arr10 = ['三国演义', '水浒传', '红楼梦'];
arr10.splice(2, 0, "西游记");
console.log(arr10); //["三国演义", "水浒传", "西游记", "红楼梦"]
```

（5）位置方法

indexOf()：返回数组中某个指定的元素位置，如果没找到，就返回-1。

lastIndexOf()：返回一个指定的元素在数组中最后出现的位置，从该字符串的后面向前查找。

```
var index = arr10.indexOf("红楼梦");
console.log(index); //3
var arr11 = ['半', '醒', '半', '醉', '日', '复', '日'];
var index1 = arr11.indexOf("半");
console.log(index1);//0
```

（6）迭代方法：不会修改原数组

every()：用于检测数组所有元素是否都符合指定条件。如果数组中检测到有一个元素不满足，则整个表达式返回 false ，且剩余的元素不会再进行检测；如果所有元素都满足条件，则返回 true。

```
var arr12 = [18, 19, 20];
console.log(arr12.every(x => x > 10));//true
```

filter()：创建一个新数组，包含通过所提供函数实现的测试的所有元素。

```
console.log(arr12.filter(x => x > 18));//[19, 20]
```

forEach()：对数组的每个元素执行一次给定的函数。

```
var arr13 = ["三国演义", "水浒传", "西游记", "红楼梦"];
arr13.forEach(n => {
    console.log('[' + n + ']');
})
```

运行结果如下：

```
[三国演义]
[水浒传]
[西游记]
[红楼梦]
```

map()：创建一个新数组，其结果是该数组中的每个元素都调用一个提供的函数后返回的结果。

```
//["[三国演义]", "[水浒传]", "[西游记]", "[红楼梦]"]
console.log(arr13.map(n => {
    return '[' + n + ']'
}));
```

some()：测试数组中是否至少有 1 个元素通过了被提供的函数测试，返回的是一个 Boolean 类型的值。

```
console.log(arr13.some(n => n == '三国演义'));//true
```

（7）join()方法

该方法将一个数组（或一个类数组对象）的所有元素连接成一个字符串，并返回这个字符串。如果数组中只有一个项目，那么将返回该项目而不使用分隔符。

```
console.log(arr13.join(','));//三国演义,水浒传,西游记,红楼梦
```

（8）清空数组的三种方式

```
// 方式1 推荐
arr = [];
// 方式2
arr.length = 0;
// 方式3
```

```
arr.splice(0, arr.length);
```

4.3.4 基本包装类型

为了方便操作基本数据类型，JavaScript 还提供了三个特殊的引用类型：string、number、boolean。

4.3.5 String 对象

1. 字符串特性

在 String 对象中，字符串可以看成是字符组成的数组，但是 JS 中没有字符类型。

字符是一个一个的，在 Java、C#等语言中字符用一对单引号括起来，在 JS 中字符串既可以使用单引号也可以使用双引号。因为字符串可以看成是数组，所以可以通过 for 循环遍历。

字符串具有不可变性，字符串的值是不能改变的，之所以看起来是改变的，是因为指向改变了，并不是真正的值改变了。

```
var str="邹琼俊";
str="邹玉杰";
console.log(str[0]); //邹
for (var i = 0; i < str.length; i++) {
    console.log(str[i]);
}
```

当重新给 str 赋值的时候，常量'邹琼俊'不会被修改，依然在内存中，而是会重新在内存中开辟空间，这个特点就是字符串的不可变性。在大量拼接字符串的时候会有效率问题，因为需要不断地开辟新的内存空间。

2. 调用方法

实例方法：必须要通过 new 的方式创建的对象（实例对象）来调用的方法。

静态方法：直接通过大写的构造函数名字（对象名字）调用的方法。

3. 创建字符串对象

```
var name = new String('小小刀');
```

4. length 属性

获取字符串中字符的个数。

```
console.log(str.length);
```

5. 字符串对象的常用方法

（1）字符方法

charAt()：获取指定位置处字符，超出索引时返回空字符串。

charCodeAt()：获取指定位置处字符的 ASCII 码。

str[0]：HTML5 特有，IE8+支持，与 charAt()等效。

```
var name = new String('小小刀');
console.log(name.charAt(2));//刀
console.log(name.charCodeAt(2));//20992
console.log(name[2]);//刀
```

（2）字符串操作方法

concat()：返回的是拼接之后的新字符串，等效于+，+更常用。

slice(start,end)：从 start 位置开始，截取到 end 位置，不包含结束的索引的字符串（end 取不到）。

substring(start,end)：从 start 位置开始，截取到 end 位置，不包含结束的索引的字符串（end 取不到）。

substr(start, length)：从 start 位置开始，截取 length 个字符。

```
var str2 = "我";
console.log(str2.concat("喜欢", "你"));//我喜欢你
var msg = "姑苏城外寒山寺";
console.log(msg.slice(4, 7));//寒山寺
console.log(msg.substring(4, 6));//寒山
console.log(msg.substr(4, 2));//寒山
```

（3）位置方法

indexOf(要找的字符串,从某个位置开始的索引)：返回指定内容在元字符串中的位置，即这个字符串的索引值，没有找到则返回-1。

lastIndexOf()：从后往前找，只找第一个匹配的，但是索引仍然是从左向右的方式，找不到则返回-1。

```
var str = "邹玉杰";
var index = str.indexOf("杰");
console.log(index); //2
var str3 = "桃花庵下桃花仙";
var index3 = str3.lastIndexOf('桃');
console.log(index3);//4
```

（4）去除空白

trim()：只能去除字符串前后的空白。

```
var msg1 = '你是谁 ';
console.log(msg1.trim());//你是谁
```

（5）大小写转换方法

to(Locale)UpperCase()：转换大写。

to(Locale)LowerCase()：转换小写。

```
var str5 = "name";
str5 = str5.toLocaleLowerCase();
console.log(str5); //name
var str6 = "name";
str6 = str6.toLowerCase();
```

```
console.log(str6); //name
var str7 = "user";
str7 = str7.toLocaleUpperCase();
console.log(str7);//USER
var str8 = "user";
str8 = str8.toUpperCase();
console.log(str8);//USER
```

（6）其他方法

search()：用于检索字符串中指定的子字符串，或检索与正则表达式相匹配的子字符串。

replace()("原来的字符串","新的字符串")：替换字符串。

split()("要切割的字符串",切割后留下的个数)：切割字符串，返回数组。

```
var str4 = "萧峰、萧远山、慕容博、鸠摩智";
var arr4 = str4.split("、");
console.log('arr4 :', arr4);// ["萧峰", "萧远山", "慕容博", "鸠摩智"]
```

fromCharCode(数字值)：可以是多个参数，返回的是 ASCII 码对应的值。

```
//把 ASCII 码转换成字符串
var str1 = String.fromCharCode(83, 79, 83);
console.log(str1);//SOS
```

注 意

字符串所有的方法都不会修改字符串本身（字符串是不可变的），操作完成会返回一个新的字符串。

示例 1：查找字符串"桃花庵下桃花仙"中所有“花”出现的位置。

```
var str1 = '桃花庵下桃花仙';
var arr = [];
do {
    var index = str1.indexOf('花', index + 1);
    if (index != -1) {
        arr.push(index);
    }
} while (index > -1);
console.log(arr);//[1,5]
```

示例 2：把字符串“桃花仙人种桃树”中所有的“桃”替换成“李”。

```
var str2 = '桃花仙人种桃树';
//实现方式 1
do {
    str2 = str2.replace('桃', '李');
} while (str2.indexOf('桃') > -1);
console.log(str2);//李花仙人种李树

//实现方式 2
console.log(str2.replace(/桃/ig, '李'));//李花仙人种李树
```

4.3.6 Number 对象

JavaScript 的 Number 对象经过封装从而能够处理数字值对象，Number 对象由 Number() 构造器以及字面量声明的值在转化为包装对象时创建。

创建 Number 对象的语法：

```
var myNum=new Number(value);
var myNum=Number(value);
```

（1）Number 构造器参数

参数 value 是要创建的 Number 对象的数值，或是要转换成数字的值。

（2）Number 构造器返回值

当 Number()和运算符 new 一起作为构造函数使用时，它返回一个新创建的 Number 对象。如果不用 new 运算符，把 Number()作为一个函数来调用，它将把自己的参数转换成一个原始的数值，并且返回这个值（如果转换失败，则返回 NaN）。

（3）Number 属性

- Number.EPSILON：两个可表示 representable 数之间的最小间隔。
- Number.MAX_SAFE_INTEGER：JavaScript 中最大的安全整数 2^53 - 1。
- Number.MAX_VALUE：能表示的最大正数，最小的负数是-MAX_VALUE。
- Number.MIN_SAFE_INTEGER：JavaScript 中最小的安全整数-(2^53 - 1)。
- Number.MIN_VALUE：能表示的最小正数即最接近 0 的正数，实际上不会变成 0，最大的负数是-MIN_VALUE。
- Number.NaN：特殊的非数字值。
- Number.NEGATIVE_INFINITY：特殊的负无穷大值，在溢出时返回该值。
- Number.POSITIVE_INFINITY：特殊的正无穷大值，在溢出时返回该值。
- Number.prototype：Number 对象上允许的额外属性。

（4）Number 常用方法

Number.isNaN(value)

Number.isNaN()方法确定传递的值是否为 NaN，并且检查其类型是否为 Number，其是原来的全局 isNaN()的更稳妥的版本。示例代码如下：

```
console.log(Number.isNaN(NaN)); // true // NaN !== NaN
console.log(Number.isNaN(Number("1"))); // false
console.log(Number.isNaN(Number("zouyujie"))); // true
```

Number.parseFloat(string)

Number.parseFloat()方法可以把一个字符串解析成浮点数，如果无法被解析成浮点数，则返回 NaN，该方法与全局的 parseFloat()函数相同，并且处于 ECMAScript 6 规范中，用于全局变量的模块化。示例代码如下：

```
console.log(Number.parseFloat(NaN)); // NaN
```

```
console.log(Number.parseFloat("11.27")); // 11.27
console.log(Number.parseFloat(Infinity)); // Infinity
console.log(Number.parseFloat("11")); // 11
```

Number.parseInt(string[, radix])

Number.parseInt()方法依据指定基数即参数 radix 的值，把字符串解析成整数，如果无法被解析成整数，则返回 NaN，该方法与全局的 parseInt()函数相同，并且处于 ECMAScript 6 规范中，用于全局变量的模块化。示例代码如下：

```
console.log(Number.parseInt(NaN)); // NaN
console.log(Number.parseInt("11.27")); // 11
console.log(Number.parseInt("11")); // 11
console.log(Number.parseInt("11", 2)); // 3
console.log(Number.parseInt("11", 3)); // 4
console.log(Number.parseInt("11", 8)); // 9
console.log(Number.parseInt("11", 16)); // 17
console.log(Number.parseInt(Infinity)); // NaN
```

Number.prototype.toFixed()

numObj.toFixed(digits)

toFixed()方法使用定点表示法来格式化一个数值，该数值在必要时进行四舍五入，另外在必要时会用 0 来填充小数部分。参数 digits 是小数点后数字的个数，介于 0~20（包括 20）之间，实现环境可能支持更大范围，如果忽略该参数，则默认为 0。示例代码如下：

```
var num = new Number(11.27);
console.log(num.toFixed(1)); //11.3
console.log(num.toFixed(5)); //11.27000
```

4.3.7 Boolean 对象

Boolean 对象用于把一个不是 Boolean 类型的值转换为 Boolean 类型值（true 或者 false）。只有 2 个方法，并且都是重写 Object 的方法：

- toString()：把布尔值转换为字符串，并返回结果。
- valueOf()：返回 Boolean 对象的原始值。

Boolean 对象在实际使用中，用处并不大，因为 boolean 数据就是用来判断真假的，而 Boolean 对象是作为对象来用的，任何非空对象转换的时候，都是 true。示例代码如下：

```
var bool = new Boolean(1);
console.log(bool.toString());//true
console.log(bool.valueOf());//true
bool = new Boolean('what');
console.log(bool.toString()); //true
console.log(bool.valueOf());//true
bool = new Boolean(0);
console.log(bool.toString()); //false
console.log(bool.valueOf());//false
```

第2部分

Web API

第 2 部分主要介绍 JavaScript 的 Web API。Web API 指浏览器提供的一套操作浏览器功能和页面元素的 API（BOM 和 DOM）。

- DOM：Document Object Model，文档对象模型，操作的是页面，是一套操作页面元素的 API。DOM 可以把 HTML 看作是文档树，通过 DOM 提供的 API 可以对树上的节点进行操作。
- BOM：Browser Object Model，浏览器对象模型，操作的是浏览器，是一套操作浏览器功能的 API。通过 BOM 可以操作浏览器窗口，比如：弹出框、控制浏览器跳转、获取分辨率等。

第 5 章

◂BOM▸

JS 浏览器对象模型（Browser Object Model，BOM）被广泛应用于 Web 开发之中，用于客户端浏览器的管理，主要是操作 Window 对象。通过本章的学习，你将掌握：

- 使用 window 对象页面加载事件
- 使用 navigator、location、history 对象
- 使用定时器

5.1 BOM 简介

5.1.1 BOM 的概念

BOM 是指浏览器对象模型，它提供了独立于内容、可以与浏览器窗口进行互动的对象结构。BOM 由多个对象组成，其中代表浏览器窗口的 Window 对象是 BOM 的顶层对象，其他对象都是该对象的子对象。

我们在浏览器中的一些操作都可以使用 BOM 的方式进行编程处理，比如刷新浏览器、后退、前进、在浏览器中输入 URL 等。

5.1.2 BOM 的顶级对象 Window

Window 是浏览器的顶级对象，当调用 Window 下的属性和方法时，可以省略 Window。

注 意
Window 中有一个特殊的属性 Window.name。

当我们在控制台中输入 Window 对象时，会看到它的所有属性和方法：

```
console.log(Window);
```

运行结果如图 5-1 所示。

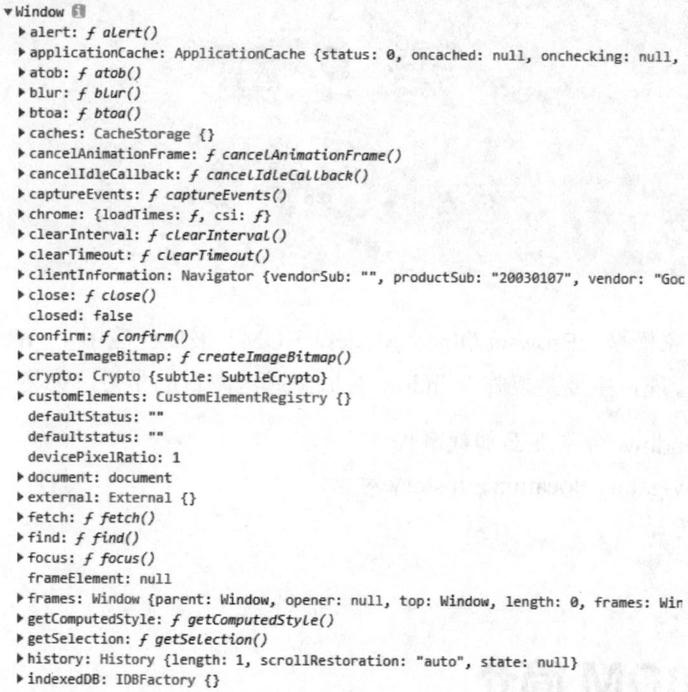

```
▼Window
 ▶alert: ƒ alert()
 ▶applicationCache: ApplicationCache {status: 0, oncached: null, onchecking: null,
 ▶atob: ƒ atob()
 ▶blur: ƒ blur()
 ▶btoa: ƒ btoa()
 ▶caches: CacheStorage {}
 ▶cancelAnimationFrame: ƒ cancelAnimationFrame()
 ▶cancelIdleCallback: ƒ cancelIdleCallback()
 ▶captureEvents: ƒ captureEvents()
 ▶chrome: {loadTimes: ƒ, csi: ƒ}
 ▶clearInterval: ƒ clearInterval()
 ▶clearTimeout: ƒ clearTimeout()
 ▶clientInformation: Navigator {vendorSub: "", productSub: "20030107", vendor: "Goc
 ▶close: ƒ close()
  closed: false
 ▶confirm: ƒ confirm()
 ▶createImageBitmap: ƒ createImageBitmap()
 ▶crypto: Crypto {subtle: SubtleCrypto}
 ▶customElements: CustomElementRegistry {}
  defaultStatus: ""
  defaultstatus: ""
  devicePixelRatio: 1
 ▶document: document
 ▶external: External {}
 ▶fetch: ƒ fetch()
 ▶find: ƒ find()
 ▶focus: ƒ focus()
  frameElement: null
 ▶frames: Window {parent: Window, opener: null, top: Window, length: 0, frames: Win
 ▶getComputedStyle: ƒ getComputedStyle()
 ▶getSelection: ƒ getSelection()
 ▶history: History {length: 1, scrollRestoration: "auto", state: null}
 ▶indexedDB: IDBFactory {}
```

图 5-1

我们仅需要掌握一些常用的属性和方法，不常用的内容用时再去查文档即可。

1. 窗口尺寸

以下两个属性可用于确定浏览器窗口的尺寸，它们均以像素为单位：

- Window.innerHeight：浏览器窗口的内高度（以像素计）。
- Window.innerWidth：浏览器窗口的内宽度（以像素计）。

浏览器窗口（浏览器视口）不包括工具栏和滚动条。

对于 Internet Explorer 8/7/ 6/5，可以使用：

```
document.documentElement.clientHeight
document.documentElement.clientWidth
```

或

```
document.body.clientHeight
document.body.clientWidth
```

示例：显示浏览器窗口的高度和宽度（不包括工具栏和滚动条）。

```
var w = window.innerWidth
      || document.documentElement.clientWidth
      || document.body.clientWidth;

var h = window.innerHeight
      || document.documentElement.clientHeight
```

```
        || document.body.clientHeight;
console.log('宽：' + w, '高：' + h);
```

运行结果：

```
宽：1920 高：207
```

2. 其他窗口方法

- Window.open()：打开新窗口。
- Window.close()：关闭当前窗口。
- Window.moveTo()：移动当前窗口。
- Window.resizeTo()：重新调整当前窗口。

5.2 对话框

有关对话框的操作方法有 alert()、prompt()、confirm()。

5.2.1　alert()

alert()向用户显示一条消息并等待用户关闭对话框。在大多数浏览器里，alert()方法会产生阻塞，并等待用户关闭对话框。这就意味着在弹出一个对话框前，代码会停止运行。如果当前正在载入文档，就会停止载入，直到用户用要求的输入进行响应为止。

示例：

```
<script>
    alert('一天是不良人,一辈子都是不良人')
</script>
```

运行结果如图 5-2 所示。

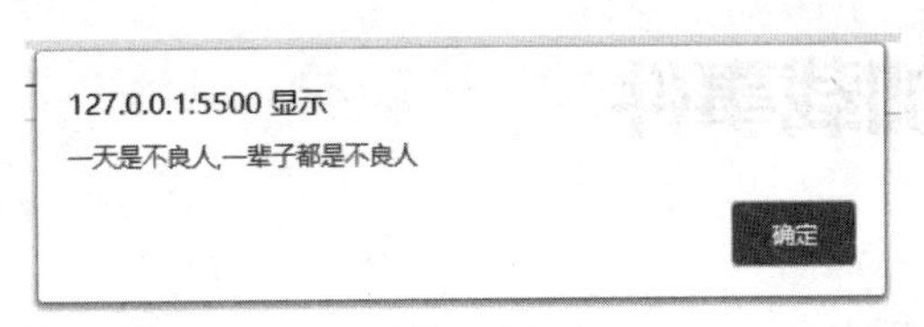

图 5-2

5.2.2　prompt()

prompt()显示一条消息，等待用户输入字符串，并返回该字符串。在浏览器中，prompt()会产生阻塞。

示例：

```
var message = prompt("请输入你的名字：");
```

```
console.log(message);
```

运行结果如图 5-3 所示。

127.0.0.1:5500 显示
请输入你的名字：
盗圣温韬
确定 取消

图 5-3

5.2.3 confirm()

confirm()显示一条消息，要求用户单击“确定”或“取消”按钮，并返回一个布尔值。在浏览器中，confirm()会产生阻塞。

代码：

```
var res = confirm("你确定要加入不良人吗？");
console.log(res); // 如果单击“确定”就返回 true，单击“取消”按钮则返回 false
```

运行结果如图 5-4 所示。

图 5-4

5.3 页面加载事件

1. onload

Window.onload 在页面的 document 全部加载完成，并且所有的外部图片和资源全部加载完成后才会执行操作。

```
window.onload = function () {
        // 当页面加载完成执行
        // 当页面完全加载所有内容（包括图像、脚本文件、CSS 文件等）时执行
}
```

2. onunload

onunload 是卸载事件，在页面卸载的时候执行。

```
window.onunload = function () {
        // 当用户退出页面时执行
}
```

3. onbeforeunload

onbeforeunload 在页面关闭之前触发的。

```
//页面关闭之前触发的
window.onbeforeunload = function () {
        alert("关闭前");
};
```

5.4 定时器

1. setTimeout()和 clearTimeout()

在指定的毫秒数到达之后执行指定的函数，只执行一次。

```
// 创建一个定时器，300 毫秒后执行，返回定时器的标志
var timerId = setTimeout(function () {
    console.log('我认可你了');
}, 300);
// 取消定时器的执行
clearTimeout(timerId);
```

2. setInterval()和 clearInterval()

定时调用的函数，可以按照给定的时间（单位为毫秒）周期调用函数。

```
// 创建一个定时器，每隔 1 秒调用一次
var timerId = setInterval(function () {
    var date = new Date();
    console.log(date.toLocaleTimeString());
}, 1000);
// 取消定时器的执行
clearInterval(timerId);
```

5.5 Location 对象

Location 对象是 Window 对象下的一个属性，使用的时候可以省略 Window 对象。Location 可以获取或者设置浏览器地址栏的 URL。

URL（Uniform Resource Locator）统一资源定位符的组成如下：

```
scheme: //host:port/path?query#fragment
```

- scheme：通信协议，包括常用的 HTTP、FTP 等。
- host：主机，设置或返回主机名和当前 URL 的端口号。
- port: 端口号，整数，可选。省略时使用方案的默认端口，如 HTTP 的默认端口为 80。
- path：路径，由零或多个'/'符号隔开的字符串，一般用来表示主机上的一个目录或文件地址。
- query：查询，可选，用于给动态网页传递参数。可有多个参数，中间用'&'符号隔开，每个参数的名和值用'='符号隔开，例如 name=yujie。
- fragment：信息片断，字符串，锚点。

示例如下：

```
//地址栏上#及后面的内容
console.log(window.location.hash);
//主机名及端口号
console.log(window.location.host);
//主机名
console.log(window.location.hostname);
//文件的路径——相对路径
console.log(window.location.pathname);
//端口号
console.log(window.location.port);
//协议
console.log(window.location.protocol);
//搜索的内容
console.log(window.location.search);
```

location.search 用于获取 URL 参数。

示例：页面跳转。

```
<input type="button" value="页面跳转" onclick="goToPage()" />
<script>
        function goToPage() {
            window.location = 'https://www.cnblogs.com/jiekzou/';
        }
</script>
```

```
<!-- 对指定 iframe 框架进行跳转页面 -->
<input type="button" value="iframe 跳转" onclick="goToIframe()" />
<iframe src="" id="mainFrame" name="mainFrame" style="width:100%;height:600
px"></iframe>
<script>
        function goToIframe() {
          parent.mainFrame.location = "https://www.cnblogs.com/jiekzou/";
        }
</script>
```

示例：为单个页面传递参数。

传递参数页面的代码：

```
<input type="button" value="页面跳转传" onclick="goToPageWithParams()" />
<script>
        function goToPageWithParams() {
            window.location = './05.接收参数.html?name=yujie&job=程序员';
        }
</script>
```

接收参数页面的代码：

```
<div id="msg"></div>
   <script>
        var msgObj = document.getElementById('msg');
        var search = window.location.search;
        //key(需要检索的键） url（传入的需要分割的 URL 地址，例如?name=yujie
        function getSearchString(key, Url) {
            var str = Url;
            str = str.substring(1, str.length); // 获取 URL 中?之后的字符（去掉第
一位的问号）
            // 以&分隔字符串，获得类似 name=yujie 这样的元素数组
            var arr = str.split("&");
            var obj = new Object();
            // 将每一个数组元素以=分隔并赋给 obj 对象
            for (var i = 0; i < arr.length; i++) {
                var tmp_arr = arr[i].split("=");
                obj[decodeURIComponent(tmp_arr[0])] = decodeURIComponent(tm
p_arr[1]);
            }
            return obj[key];
        }
        var name = getSearchString('name', search); //结果：yujie
        var job = getSearchString('job', search);
        msgObj.innerHTML = '接收到的参数：name=>' + name + ',job=>' + job;
```

```
</script>
```

运行结果如图 5-5 所示。

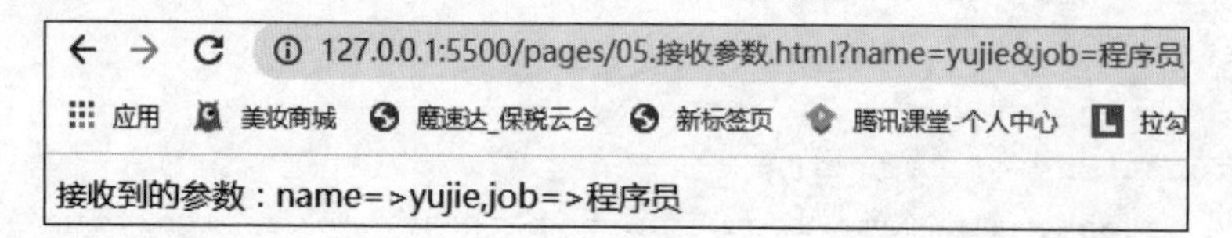

图 5-5

Location 的成员包括 assign()、reload()、replace()、hash、host、hostname、search、href，可使用 chrome 的控制台查看，或用 MDN 查看。输入代码“console.dir(location)”，可查看 Location 对象的所有成员，如图 5-6 所示。

```
▼Location
  ▶ancestorOrigins: DOMStringList {length: 0}
  ▶assign: ƒ assign()
  ▶fragmentDirective: FragmentDirective {}
   hash: ""
   host: "127.0.0.1:5500"
   hostname: "127.0.0.1"
   href: "http://127.0.0.1:5500/pages/04.location%E5%AF%B9%E8%B1%A1.html"
   origin: "http://127.0.0.1:5500"
   pathname: "/pages/04.location%E5%AF%B9%E8%B1%A1.html"
   port: "5500"
   protocol: "http:"
  ▶reload: ƒ reload()
  ▶replace: ƒ replace()
   search: ""
  ▶toString: ƒ toString()
  ▶valueOf: ƒ valueOf()
   Symbol(Symbol.toPrimitive): undefined
  ▶__proto__: Location
```

图 5-6

5.6 History 对象

Window.history 指向 History 对象，它表示当前窗口的浏览历史。History 对象保存了当前窗口访问过的所有页面网址。

常用的方法如下：

- back()：后退。
- forward()：前进。
- go()：跳转，正数表示向前前进的页数，负数表示向后倒退的页数，0 相当于刷新当前页面。
- console.dir(history)：查看 History 对象，如图 5-7 所示。

```
▼History
  length: 3
  scrollRestoration: "auto"
  state: null
 ▼__proto__: History
  ▶back: ƒ back()
  ▶forward: ƒ forward()
  ▶go: ƒ go()
   length: (...)
  ▶pushState: ƒ pushState()
  ▶replaceState: ƒ replaceState()
   scrollRestoration: (...)
   state: (...)
  ▶constructor: ƒ History()
   Symbol(Symbol.toStringTag): "History"
  ▶get length: ƒ length()
  ▶get scrollRestoration: ƒ scrollRestoration()
  ▶set scrollRestoration: ƒ scrollRestoration()
  ▶get state: ƒ state()
  ▶__proto__: Object
```

图 5-7

后退到前一个网址可以使用以下两种方式：

```
history.back();
history.go(-1);
```

HTML5 的新 API 扩展了 Window.history，能够做到可以存储、替换、监听历史记录点。

（1）window.history.pushState(state,title,url)

HTML5 的新 API 在 history 内新增了一个历史记录，会增加后退效果，没有刷新改变浏览器地址。接受以下三个参数：

- state：状态对象，记录历史记录点的额外对象，可为 null。
- title：页面标题，目前所以浏览器都不支持，需要的话可以用 document.title 来设置。
- url：新的网址，必须同域，浏览器地址栏会显示这个网址。

```
//页面不刷新，只是改变 History 对象，地址栏会改变
window.history.pushState(null, '', '1.html');
//url 参数带了 hash 值，并不会触发 hashchange 事件
window.history.pushState(null, '', '#content');
```

注　意

url 参数如果是以'?'开头，则 url 的值会代替 window.location.search 的值；如果是以'#'开头，则 url 的值会代替 window.location.hash 的值；如果是以'/'开头，则 url 的值会代替/后的值。

（2）history.replaceState(state, title, url)

使用方法跟 pushState 一样，也会改变当前地址栏的地址，区别在于它是修改浏览历史中的当前记录，而并非创建一个新的，不会增加后退效果。

（3）window.history.replaceState({a:1}, '', '1.html')

history.state 属性，返回当前页面的 State 对象，若想改变此对象，可以给 pushState 和

replaceState 的第一个参数传参。

（4）window.history.state //{a:1}

监听历史记录。

（5）Hashchange

当前 url 的 hash 改变的时候会触发该事件，IE6/7 不支持。

```
//hashchange 事件必须绑定在 Window 对象上
window.onhashchange = function () {
    console.log(location.hash)
};
```

5.7 Navigator 对象

Navigator 对象包含的属性描述了正在使用的浏览器，可以使用这些属性进行平台专用的配置。

- userAgent: 可以判断用户浏览器的类型。
- Platform: 判断浏览器所在的系统平台类型。
- javaEnabled(): 规定浏览器是否支持并启用了 Java。
- taintEnabled(): 规定浏览器是否启用数据污点（data tainting）。

可以使用“console.dir(navigator);”查看 Navigator 对象的成员，如图 5-8 所示。

```
▼Navigator
   appCodeName: "Mozilla"
   appName: "Netscape"
   appVersion: "5.0 (Windows NT 10.0; WOW64) AppleWebKit/537.36 (KHTML, like Gecko) Chrome/83.0.4103.61 Safari/537.
  ▶bluetooth: Bluetooth {}
  ▶clipboard: Clipboard {}
  ▶connection: NetworkInformation {onchange: null, effectiveType: "4g", rtt: 100, downlink: 1.6, saveData: false}
   cookieEnabled: true
  ▶credentials: CredentialsContainer {}
   deviceMemory: 8
   doNotTrack: null
  ▶geolocation: Geolocation {}
   hardwareConcurrency: 4
  ▶keyboard: Keyboard {}
   language: "zh-CN"
  ▶languages: (2) ["zh-CN", "zh"]
  ▶locks: LockManager {}
   maxTouchPoints: 0
  ▶mediaCapabilities: MediaCapabilities {}
  ▶mediaDevices: MediaDevices {ondevicechange: null}
  ▶mediaSession: MediaSession {metadata: null, playbackState: "none"}
  ▶mimeTypes: MimeTypeArray {0: MimeType, 1: MimeType, 2: MimeType, 3: MimeType, application/pdf: MimeType, applica
   onLine: true
  ▶permissions: Permissions {}
   platform: "Win32"
  ▶plugins: PluginArray {0: Plugin, 1: Plugin, 2: Plugin, Chrome PDF Plugin: Plugin, Chrome PDF Viewer: Plugin, Nat
  ▶presentation: Presentation {receiver: null, defaultRequest: null}
   product: "Gecko"
```

图 5-8

示例：浏览器类型判断。

```
//判断当前浏览类型
function getBrowserType() {
    var userAgent = navigator.userAgent; //取得浏览器的 userAgent 字符串
    var isOpera = userAgent.indexOf("Opera") > -1; //判断是否为 Opera 浏览器
    var isIE = userAgent.indexOf("compatible") > -1 && userAgent.indexOf("M
SIE") > -1 && !isOpera; //判断是否为 IE 浏览器
    var isEdge = userAgent.indexOf("Windows NT 6.1; Trident/7.0;") > -1 &&
!isIE; //判断是否为 IE 的 Edge 浏览器
    var isFF = userAgent.indexOf("Firefox") > -1; //判断是否为 Firefox 浏览器
    var isSafari = userAgent.indexOf("Safari") > -1 && userAgent.indexOf("C
hrome") == -1; //判断是否为 Safari 浏览器
    var isChrome = userAgent.indexOf("Chrome") > -1 && userAgent.indexOf("S
afari") > -1; //判断是否为 Chrome 浏览器
    if (isIE) {
        var reIE = new RegExp("MSIE (\\d+\\.\\d+);");
        reIE.test(userAgent);
        var fIEVersion = parseFloat(RegExp["$1"]);
        if (fIEVersion == 7) { return "IE7"; }
        else if (fIEVersion == 8) { return "IE8"; }
        else if (fIEVersion == 9) { return "IE9"; }
        else if (fIEVersion == 10) { return "IE10"; }
        else if (fIEVersion == 11) { return "IE11"; }
        else { return "0" }//IE 版本过低
    }//isIE end
    if (isFF) { return "FF"; }
    if (isOpera) { return "Opera"; }
    if (isSafari) { return "Safari"; }
    if (isChrome) { return "Chrome"; }
    if (isEdge) { return "Edge"; }
}
console.log(getBrowserType());//Chrome
```

第 6 章

DOM和事件

DOM（Document Object Model，文档对象模型）相关的 API 主要用于操作 document 对象。

通过本章的学习，你将掌握：

- DOM 事件
- document 的相关操作：属性、节点偏移量

6.1 DOM

6.1.1 DOM 的概念

DOM（Document Object Model，文档对象模型）是 W3C 组织推荐的、处理可扩展标志语言的标准编程接口。在网页上，组织页面（或文档）的对象被组织在一个树形结构中，用来表示文档中对象的标准模型就称为 DOM。DOM 的历史可以追溯至 20 世纪 90 年代后期微软与 NetScape 的“浏览器大战”，双方为了在 JavaScript 与 JScript 中一决生死，大规模地赋予浏览器强大的功能。微软在网页技术上加入了不少专属事物，即 VBScript、ActiveX 以及微软自家的 DHTML 格式等，使不少网页使用非微软平台及浏览器无法正常显示。DOM 就是当时酝酿出来的杰作。

1. 常见的术语

文档：HTML 文件可以看成是一个文档，由于万物皆对象，因此可以把这个文档看成是一个对象。XML 文件也可以看成是一个文档。页面就是文档（document），文档中有根元素（html），body 中有其他标签。

元素（element）：页面中所有的标签都是元素，元素可以看成是对象，而对象又有属性和方法（事件）。标签可以嵌套，即标签中可以有标签。

- 属性：标签的属性。
- 节点（node）：页面中所有的内容都是节点（标签、属性、文本）。
- DOM 树：由文档及文档中所有的元素（标签）组成的一个树形结构图，也叫树状图。

2. HTML 和 XML 的区别

- HTML：用于展示信息和数据。
- XML：侧重于数据存储。
- HTML 和 XML 中都必须有一个根标签：HTML 的根标签是 HTML，XML 的根标签是可以自定义的。事实上 XML 中所有的标签节点都是可以自定义的，而 HTML 中的标签节点是系统内置的。

6.1.2　模拟文档树结构

下面我们通过 JS 来模拟文档树结构（见图 6-1）。此处只要先简单了解一下即可。关于节点操作，后面章节会有详细的讲解。

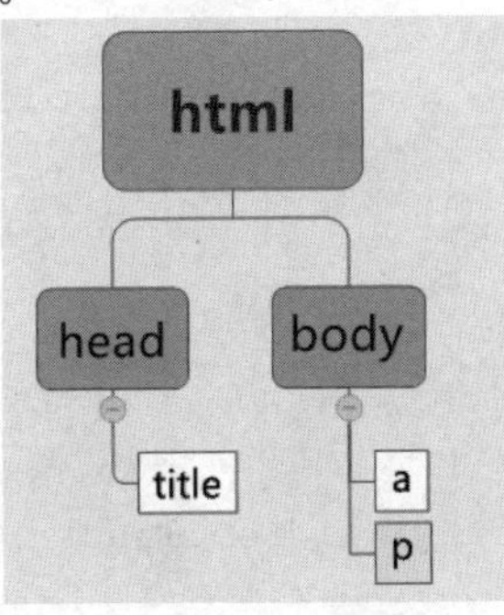

图 6-1

示例代码：

```
//构建元素对象
function Element(option) {
    this.id = option.id || '';
    this.nodeName = option.nodeName || '';
    this.nodeValue = option.nodeValue || '';
    this.nodeType = 1;
    this.children = option.children || [];
}
var doc = new Element({
    nodeName: 'html'
});
var head = new Element({
    nodeName: 'head'
});
var t = new Element({
    nodeName: 'title',
    nodeValue: '文档树'
});
head.children.push(t);
```

```
var body = new Element({
    nodeName: 'body'
})
doc.children.push(head);
doc.children.push(body);

var div = new Element({
    nodeName: 'a',
    nodeValue: 'Vue.js 2.x实践指南',
});

var p = new Element({
    nodeName: 'p',
    nodeValue: '沧海一声笑'
})
body.children.push(div);
body.children.push(p);

function getChildren(ele) {
    for (var i = 0; i < ele.children.length; i++) {
        var child = ele.children[i];
        console.log(child.nodeName);
        getChildren(child);
    }
}
 getChildren(doc);
```

运行结果如下：

```
head
title
body
a
p
```

6.1.3　获取 DOM 元素

我们想要操作页面上的某部分（显示/隐藏，动画），需要先获取到该部分对应的元素，再进行后续的操作。获取元素有多种方式。

（1）根据 id 获取元素

html 标签中的 id 属性存储的值是唯一的。id 属性就如同人的身份证号码一样，不能重复，是页面中的唯一标识。

```
<div id="content"></div>
```

```
<script>
        var div = document.getElementById('content');
        console.log(div);//<div id="content"></div>
         console.dir(div);
</script>
```

通过 console.dir(div) 向控制台打印一个对象，从这个对象的原型属性__proto__上可以看到其依次继承如下类型：

HTMLDivElement→HTMLElement→Element→Node→EventTarget。

注　意
id 名具有唯一性，部分浏览器支持直接使用 id 名访问元素，但不是标准方式，不推荐使用。

（2）根据 name 获取元素

```
<input type="text" name="username" />
var inputs = document.getElementsByName('username');
for (var i = 0; i < inputs.length; i++) {
    var input = inputs[i];
    console.log(input);//<input type="text" name="username">
}
```

（3）根据类名获取元素

```
var mains = document.getElementsByClassName('main');
for (var i = 0; i < mains.length; i++) {
    var main = mains[i];
    console.log(main);// <div class="main"></div>
}
```

（4）根据选择器获取元素

```
var age = document.querySelector('#age');
console.log(age);
var boxes = document.querySelectorAll('.box');
for (var i = 0; i < boxes.length; i++) {
    var box = boxes[i];
    console.log(box);
}
```

（5）根据标签名获取元素

```
var divs = document.getElementsByTagName('div');
for (var i = 0; i < divs.length; i++) {
    var div = divs[i];
    console.log(div);
```

```
}
```

总　结
在实际工作中，用得最多的还是 getElementById()和 getElementsByTagName()。

6.2 事件

事件是触发-响应机制，有三个要素：

- 事件源：触发（被）事件的元素。
- 事件类型：事件的触发方式（例如鼠标点击或键盘点击）。
- 事件处理程序：事件触发后要执行的代码（函数形式）。

Event 接口表示在 DOM 中发生的任何事件，一些是由用户生成的(例如鼠标或键盘事件)，另一些是由 API 生成的。

案例：点击按钮弹出提示框

（1）JS 代码和 HTML 不分离的方式：

```
<input type="button" value="不分离" onclick="fun()" />
   <script>
        function fun() {
            alert("好色仙人，自来也驾到");
        }
</script>
```

（2）JS 代码和 HTML 分离的方式：

```
<input type="button" value="分离" id="btn" />
<script>
        //根据 id 属性的值从文档中获取这个元素
        var btnObj = document.getElementById("btn");
        //为当前的这个按钮元素(对象),注册点击事件,添加事件处理函数(匿名函数)
        btnObj.onclick = function () {
            //响应做的事情
            alert("好色仙人，自来也驾到");
        };
</script>
```

分析：先有按钮才能获取按钮对象，获取对象之后才能注册事件。

示例：点击按钮设置 div 的样式。

```
<div class="div" id="div"></div>
<input type="button" value="设置样式" id="btn" />
```

```
<script>
        document.getElementById('btn').onclick = function () {
            var div = document.getElementById('div');
            div.style.backgroundColor = 'orange';
            div.style.border = '2px dashed black';
            div.innerText = '卡卡西';
        }
</script>
```

运行结果如图 6-2 所示。

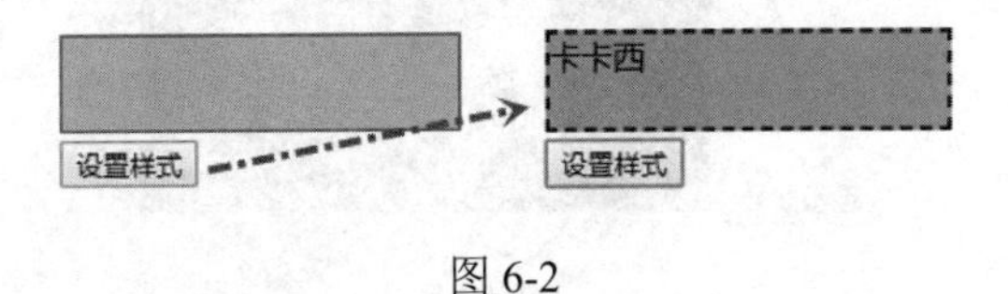

图 6-2

6.3 属性操作

6.3.1 非表单元素属性

非表单元素的属性包括 href、alt、title、id、src 和 className。

示例：点击按钮显示图片。

```
<input type="button" value="显示图片" id="btn" />
<img src="" alt="" id="img" />
<script>
        //根据 id 获取按钮
        var btnObj = document.getElementById("btn");
        //为按钮注册点击事件，添加事件处理函数
        btnObj.onclick = function () {
            //根据 id 获取图片的标签，设置图片的 src 属性值
            var imgObj = document.getElementById("img");
            imgObj.src = "../images/beauty.jpg";
            //设置图片的大小
            imgObj.width = "245";
            imgObj.height = "334";
        };
</script>
```

说　明
点击按钮的时候设置 img 标签的 src 属性为一个图片的相对路径。

运行结果如图 6-3 所示。

图 6-3

示例：修改图片的 alt 和 title。

```
<input type="button" value="修改 alt 和 title" id="btn" />
<img src="../images/beauty.jpg" alt="" id="img" />
<script>
        //根据 id 获取按钮
        var btnObj = document.getElementById("btn");
        //为按钮注册点击事件，添加事件处理函数
        btnObj.onclick = function () {
            //返回图片对象
            var imgObj = document.getElementById("img");
            imgObj.alt = "找不到对象";
            imgObj.title = "书中自有颜如玉";
        };
</script>
```

示例：点击超链接切换图片。

```
<a id="link" href="../images/beauty-max.jpg"><img src="../images/beau
ty.jpg" alt="" id="img"></a>
<script>
        //点击图片标签，设置图片标签的 src 路径为超链接中大图的路径
        document.getElementById("img").onclick = function () {
            this.src = document.getElementById("link").href;
            return false;
        };
</script>
```

阻止超链接的默认跳转：return false;。

示例：点击按钮修改图片。

```
<img src="../images/1.jpg" alt="" id="img">
<input type="button" value="修改图片" id="btn" />
<script>
        document.getElementById('btn').onclick = function () {
            document.getElementById('img').src = '../images/4.jpg';
        }
</script>
```

示例：在一组按钮中点击高亮并排他。

```
<style>
        .active {
            background-color: yellowgreen;
        }
</style>
<input type="button" value="漩涡鸣人" />
<input type="button" value="日向宁次" />
<input type="button" value="李洛克" />
<input type="button" value="我爱罗" />
<script>
        //获取所有的按钮，分别注册点击事件
        var btnObjs = document.getElementsByTagName("input");
        //循环遍历所有的按钮
        for (var i = 0; i < btnObjs.length; i++) {
            //为每个按钮都注册点击事件
            btnObjs[i].onclick = function () {
                //把所有按钮的 class 属性设置为默认的值''
                for (var j = 0; j < btnObjs.length; j++) {
                    btnObjs[j].className = "";
                }
                //当前被点击按钮的 class 属性设置为 active
                this.className = "active";
            };
        }
</script>
```

运行结果如图 6-4 所示。

图 6-4

6.3.2 innerText、textContent

innerText、textContent 属性都可以用于设置和获取标签中的文本内容。innerText 属性，谷歌、火狐（高版本）、IE8 都支持。textContent 属性，谷歌、火狐支持，IE8 不支持。

如果 innerText 属性在浏览器中不支持，那么这个属性的类型是 undefined。我们可以自己封装一个方法来获取和设置标签中的文本内容，让其能够支持不同的浏览器版本。

```
//设置任意的标签中间的任意文本内容
function setInnerText(element,text) {
    //判断浏览器是否支持这个属性
    if(typeof element.textContent =="undefined"){//不支持
      element.innerText=text;
    }else{//支持这个属性
      element.textContent=text;
    }
}
//获取任意标签中间的文本内容
function getInnerText(element) {
    if(typeof element.textContent=="undefined"){
     return element.innerText;
    }else{
      return element.textContent;
    }
}
```

总　结
一般建议使用 innerText 属性。

6.3.3 innerHTML 和 innerText 的区别

innerText 主要作用是设置文本，只设置标签内容，是没有标签效果的。

innerHTML 的主要作用是在标签中设置 html 标签内容，是有标签效果的。

innerText 可以获取标签中间的文本内容，标签中还有标签时，还能获取最里面的标签的文本内容。innerHTML 才是真正的获取标签中间的所有内容。

总结：想要设置（获取）标签内容，可以使用 innerHTML；想要设置（获取）文本内容，使用 innerText、textContent 或者 innerHTML。推荐用 innerHTML。

示例：获取和设置标签内容。

```
<input type="button" value="获取文本" id="btnGet" />
<input type="button" value="设置文本" id="btnSet" />
<input type="button" value="获取 HTML 文本" id="btnGetHtml" />
<input type="button" value="设置 HTML 文本" id="btnSetHtml" />
<div id="div">多重影分身</div>
<script>
```

```
        var div = document.getElementById('div');
        document.getElementById('btnGet').onclick = function () {
            console.log(div.innerText);
        }
        document.getElementById('btnSet').onclick = function () {
            div.innerText = '影分身手里剑';
        }
        document.getElementById('btnGetHtml').onclick = function () {
            console.log(div.innerHTML);
        }
        document.getElementById('btnSetHtml').onclick = function () {
            div.innerHTML = '<b>漩涡鸣人连弹</b>';
    }
</script>
```

6.3.4　表单元素属性

常用的表单元素属性有 value、type、disabled、checked 和 selected。

- value：用于大部分表单元素的内容获取（option 除外）。
- type：可以获取 input 标签的类型（输入框或复选框等）。
- disabled：禁用属性。
- checked：复选框选中属性。
- selected：下拉菜单选中属性。

示例：设置和获取文本框的值。

```
<input type="text" value="须佐能乎" id="txt" />
<input type="button" value="获取文本值" id="btnGet" />
<input type="button" value="设置文本值" id="btnSet" />
<script>
        //获取和设置文本框的值
        var txt = document.getElementById('txt');
        document.getElementById('btnGet').onclick = function () {
            console.log(txt.value);
        }
        document.getElementById('btnSet').onclick = function () {
            txt.value = '万花筒写轮眼';
        }
</script>
```

运行结果如图 6-5 所示。

图 6-5

示例：点击按钮禁用文本框。

```
<input type="button" value="禁用文本框" id="btn" />
<input type="text" value="文本框" id="txt" />
<script>
        //先根据 id 获取按钮，为按钮注册点击事件，添加事件处理函数
        document.getElementById("btn").onclick = function () {
            //根据 id 获取文本框，设置 disabled 属性
            document.getElementById("txt").disabled = true;
        };
</script>
```

运行结果如图 6-6 所示。

禁用文本框 文本框

图 6-6

示例：获取 checked 复选框选中属性。

```
<input type="checkbox" value="一尾守鹤" />一尾守鹤
<input type="checkbox" value="二尾又旅" />二尾又旅
<input type="checkbox" value="三尾矶抚" />三尾矶抚
<p id="checkedVal"></p>
<script>
        var cboxes = document.getElementsByTagName('input');
        var checkedVal = document.getElementById('checkedVal');
        var arr = [];
        //注意，这里用 let 代替 var
        for (let i = 0; i < cboxes.length; i++) {
            cboxes[i].onclick = function () {
                if (this.checked == true) {
                    arr.push(this.value);
                } else {
                    arr.splice(i, 1);
                }
                checkedVal.innerText = arr.join(',');
            }
        }
</script>
```

运行结果如图 6-7 所示。

☑一尾守鹤 ☐二尾又旅 ☑三尾矶抚

一尾守鹤,三尾矶抚

图 6-7

示例：获取 selected 下拉菜单选中属性。

```
历任火影：
<select id="slt">
        <option value="千手柱间">千手柱间</option>
        <option value="千手扉间">千手扉间</option>
        <option value="猿飞日斩">猿飞日斩</option>
        <option value="波风水门">波风水门</option>
</select>
<label id="lbl"></label>
<script>
        var lbl = document.getElementById('lbl');
        document.getElementById('slt').onchange = function (val) {
            lbl.innerText = val.target.value;
        };
</script>
```

运行结果如图 6-8 所示。

历任火影：猿飞日斩 ▼ 猿飞日斩

图 6-8

示例：全选反选。实现步骤如下：

（1）获取元素。

（2）用 for 循环历遍数组，把 checkbox 的 checked 设置为 true 即实现全选，把 checkbox 的 checked 设置为 false 即实现不选。

（3）通过 if 判断，如果 checked 为 true 选中状态，就把 checked 设为 false；如果 checked 为 false 不选状态，就把 checked 设为 true。

（4）点击其他复选框时，要进行判断，如果所有其他复选框选中的数量和总复选框数量一致，那么全选的 checkbox 选中，否则不选中。

示例代码：

```
<table>
        <thead>
            <tr>
                <th><input type="checkbox" id="cbxAll" />全选/反选</th>
            </tr>
        </thead>
        <tbody id="tbody">
            <tr>
                <td><input type="checkbox" />桃地再不斩</td>
            </tr>
```

```
            <tr>
                <td><input type="checkbox" />鬼灯水月</td>
            </tr>
            <tr>
                <td><input type="checkbox" />枇杷十藏</td>
            </tr>
        </tbody>
</table>
<script>
         //获取元素
        var cbxAll = document.getElementById('cbxAll');
        var dbody = document.getElementById('tbody');;
        var cbxes = dbody.getElementsByTagName('input');
        //点击全选/反选
        cbxAll.onclick = function () {
            for (var i = 0; i < cbxes.length; i++) {
             //tbody 中的复选框状态和全选/反选选中状态一致
                cbxes[i].checked = this.checked;
            }
        }
        //设置全选/反选状态
        var setCheckAllStatus = function () {
            var checkedNums = 0;
            Array.prototype.forEach.call(cbxes, (cbox, index) => {
                if (cbox.checked) {
                    checkedNums++;
                }
            });
            //tbody 中的复选框都选中了，那么全选/反选按钮选中，否则不选中
            cbxAll.checked = cbxes.length == checkedNums;
        }
        Array.prototype.forEach.call(cbxes, (cbox, index) => {
            //给 tbody 中的复选框注册点击事件
            cbox.onclick = setCheckAllStatus;
        });
</script>
```

说　明

在上述代码中，用到了 forEach，其实此处依旧可以使用 for 循环。forEach 是循环数组用的，而且很方便，它可以丢掉 for 循环，但是它不能循环 DOM 元素。我们可以利用 call 来完成 forEach 循环 DOM，后面章节会对 call 有更详细的描述。

运行结果如图 6-9 所示。

☑全选/反选　☐全选/反选　☐全选/反选
☑桃地再不斩　☐桃地再不斩　☐桃地再不斩
☑鬼灯水月　☑鬼灯水月　☐鬼灯水月
☑枇杷十藏　☑枇杷十藏　☐枇杷十藏

图 6-9

6.3.5　自定义属性操作

html 标签中本身没有自带的属性可以存储数据，我们自己为了存储一些数据，而添加的属性就是自定义属性。

- getAttribute(): 获取标签行内属性。如果想要获取在 html 标签中添加的自定义属性值，就需要使用 getAttribute("自定义属性的名字")。
- setAttribute(): 设置标签行内属性。
- removeAttribute(): 移除标签行内属性。

与 element.属性的区别是上述三个方法用于获取任意的行内属性。

示例：设置和获取自定义属性。

```
忍刀七人众
<ol id="ol">
        <li>枇杷十藏</li>
        <li>西瓜山河豚鬼</li>
        <li>栗霰串丸</li>
        <li>通草野饵人</li>
        <li>无梨甚八</li>
        <li>黑锄雷牙</li>
        <li>鬼灯千刃</li>
</ol>
武器：<span id="weaponName"></span>
<script>
        var ol = document.getElementById('ol');//根据 id 获取 ol 标签
        var list = ol.getElementsByTagName('li');//获取 ol 标签中所有的 li
        var weaponsArr = ['断刀·斩首大刀', '大刀·鲛肌', '长刀·缝针', '钝刀·兜割
', '爆刀·飞沫', '雷刀·牙', '双刀·鲆鲽']//武器库
        var spn = document.getElementById('weaponName');
        //循环遍历
        for (var i = 0; i < list.length; i++) {
            //先为每个 li 添加自定义属性
            list[i].setAttribute("weapons", weaponsArr[i]);
            //点击每个 li 标签，显示对应的自定义属性值
            list[i].onclick = function () {
```

```
                spn.innerHTML = this.getAttribute("weapons");
                console.log(this.weapons);//undefined
            };
        }
</script>
```

运行结果如图 6-10 所示。

忍刀七人众

1. 枇杷十藏
2. 西瓜山河豚鬼
3. 栗霰串丸
4. 通草野饵人
5. 无梨甚八
6. 黑锄雷牙
7. 鬼灯干刃

武器：大刀·鲛肌

图 6-10

示例：移除和新增自定义属性。

```
<style>
        .bg {
            background: pink;
            width: 200px;
        }
</style>
<input type="button" value="移除自定义属性" id="btnRemove" />
<input type="button" value="新增自定义属性" id="btnAdd" />
<div class="bg" id="div">迈特戴</div>
<script>
        var div = document.getElementById('div');
        //点击按钮移除元素的自定义属性
        document.getElementById('btnRemove').onclick = function () {
            div.removeAttribute("class");
        }
        //点击按钮新增元素的自定义属性
        document.getElementById('btnAdd').onclick = function () {
            div.setAttribute("class", 'bg');
        }
</script>
```

运行结果如图 6-11 所示。

图 6-11

6.3.6　样式操作

使用 style 方式设置的样式显示在标签行内。

示例代码：

```
<div id="box"></div>
<script>
        var box = document.getElementById('box');
        box.style.width = '100px';
        box.style.height = '100px';
        box.style.backgroundColor = 'orange';
</script>
```

运行结果如图 6-12 所示。

图 6-12

注　意
通过样式属性设置宽高、位置的属性类型是字符串，需要加上 px。

6.3.7　类名操作

修改标签的 className 属性相当于直接修改标签的类名。

示例代码：

```
<style>
        .cicle {
            width: 100px;
            height: 100px;
            border-radius: 50%;
            border: lightgreen solid 1px;
        }
</style>
<div id="cicle"></div>
<script>
  var cicle = document.getElementById('cicle');
  cicle.className = 'cicle';
</script>
```

在浏览器中的 DOM：

```
<div id="cicle" class="cicle"></div>
```

运行结果如图 6-13 所示。

图 6-13

示例：列表隔行变色、高亮显示。

```
<input type="button" value="隔行变色" id="btn" />
<div>日向雏田</div>
<div>春野樱</div>
<div>山中井野</div>
<div>夕日红</div>
<div>日向花火</div>
<div>手鞠</div>
<script>
    document.getElementById('btn').onclick = function () {
        //获取所有的 li 标签
        var list = document.getElementsByTagName("div");
        for (var i = 0; i < list.length; i++) {
            list[i].style.backgroundColor = i % 2 == 0 ? "lightgreen" : "pi
nk";
        }
    };
</script>
```

运行结果如图 6-14 所示。

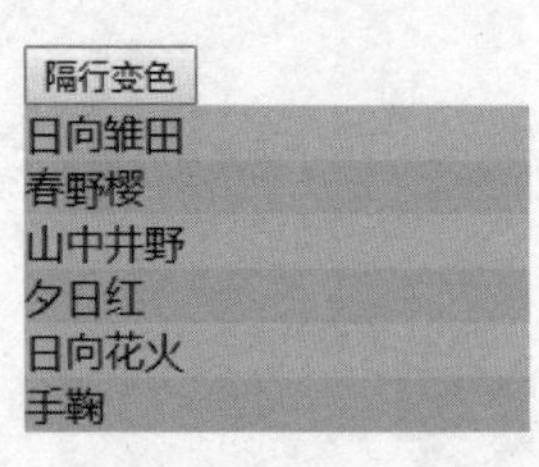

图 6-14

注　意
css 中带-的样式名称（例如 background-color）在 JS 中要替换为“驼峰命名”，即把-去掉，-后面的首字母大写。因为在 JS 中用对象.属性名称时，属性名称中带有-会报错。

6.3.8　创建元素的三种方式

创建元素的三种方式如下：

- document.write("标签的代码及内容");
- 对象.innerHTML="标签及代码";
- document.createElement("标签的名字");

（1）document.write()

```
<input type="button" value="创建一个 p" onclick="createP()" />
<script>
        function createP() {
            document.write("<p>多重隐分身术</p>");
        }
</script>
```

说　明

点击按钮“创建一个 p”后，界面显示文字“多重隐分身术”，按钮自身被覆盖了。

缺陷：如果是在页面加载完毕后通过这种方式创建元素，那么页面上存在的所有内容会全部被 write 中的内容替换掉。

（2）innerHTML

```
<input type="button" value="创建一个 span" onclick="createSpan()" />
<div id="dv"></div>
    //对象.innerHTML="标签代码及内容";
        function createSpan() {
            document.getElementById('div').innerHTML = '<span>惊鲵</span>'
        }
```

（3）document.createElement()

```
<input type="button" value="创建一个 img" onclick="createImg()" />
<div id="dv"></div>
        //把元素追加到父级元素中
        function createImg() {
            //创建一个图片对象
            var img = document.createElement("img");
            //设置图片对象的属性
            img.src = '../images/jingni.jpg';
            img.style.width = '250px';
            img.style.height = '209px';
            //把创建后的子元素追加到父级元素中
            document.getElementById('div').appendChild(img);
        }
```

运行结果如图 6-15 所示。

图 6-15

三种方式的性能问题如下：

- innerHTML 方法会对字符串进行解析，所以要避免在循环内多次使用。
- 可以借助字符串或数组的方式进行替换后，再设置给 innerHTML。
- 优化后与 document.createElement 性能相近。

示例：动态创建表格。

```
<input type="button" value="秦时明月武力排名" id="btn" />
<div id="div"></div>
<script>
        var divObj = document.getElementById('div');
        var list = [
        { name: '盖聂', msg: '被称为天下第一剑客，一手百步飞剑击杀无数强者。' },
        { name: '卫庄', msg: '和盖聂为同门师兄，同是鬼谷弟子。' },
        { name: '黑白玄翦', msg: '被卫庄评价为一代剑之豪者，实力深不可测。' }]
        //点击按钮创建表格
        document.getElementById('btn').onclick = function () {
            //创建 table 加入 div 中
            var tableObj = document.createElement("table");
            divObj.appendChild(tableObj);
            //创建行并把行加入 table 中
            for (var i = 0; i < list.length; i++) {
                var item = list[i];//每个对象
                var trObj = document.createElement("tr");
                tableObj.appendChild(trObj);
                //创建第一列，然后加入行中
                var td1 = document.createElement("td");
                td1.innerText = item.name;
                trObj.appendChild(td1);
                //创建第二列并加入行中
```

```
                var td2 = document.createElement("td");
                td2.innerHTML = item.msg;
                trObj.appendChild(td2);
            }
        }
</script>
```

运行结果如图 6-16 所示。

秦时明月武力排名

盖聂	被称为天下第一剑客，一手百步飞剑击杀无数强者。
卫庄	和盖聂为同门师兄，同是鬼谷弟子。
黑白玄翦	被卫庄评价为一代剑之豪者，实力深不可测。

图 6-16

6.4 节点操作

在 HTML 中，页面中所有的内容（标签、属性、文本）都是节点。

- 标签元素节点：HMTL 标签，大写的标签名字。
- 文本节点：标签中的文字（比如标签之间的空格、换行）。
- 属性节点：标签的属性，小写的属性名字。
  - nodeType：节点的类型。（1：标签，2：属性，3：文本）
  - nodeName：节点的名字。
  - nodeValue：节点的值。

6.4.1 节点的基本操作

1. 查找节点

- document.querySelector()：参数为选择器。
- document.forms：选取页面中的所有表单元素。

另外，还有前面已经讲过的 document.getElementById、document.getElementByTagName、document.getElementByName 和 document.getElementByClassName。

2. 增加节点

增加节点前必须先使用 document.createElement()创建元素节点，参数为标签名。

- m.appendChild(n)：为 m 元素在末尾添加 n 节点。
- m.insertBefore(k,n)：在 m 元素的 k 节点前添加 n 节点。

示例代码：

```
<p>诸子百家，唯我纵横</p>
<script>
        var body = document.body;
        var div = document.createElement('div');
        div.innerHTML = '天行九歌';
        body.appendChild(div);

        var firstEle = body.children[1]; //p
        body.insertBefore(div, firstEle);
</script>
```

运行结果如图 6-17 所示。

诸子百家，唯我纵横

天行九歌

图 6-17

3. 删除节点

- m.removeChild(n)：删除 m 元素中的 n 节点。
- m.replaceChild(k,n)：用 n 节点取代 m 元素中的 k 节点。

示例代码：

```
body.removeChild(firstEle); //script
var b = document.createElement('b');
b.innerHTML = '弱者没有资格要求公平';
body.replaceChild(b, div);
```

运行结果如图 6-18 所示。

诸子百家，唯我纵横

弱者没有资格要求公平

图 6-18

4. 复制节点

m. cloneNode()：复制 m 节点，并将复制出来的节点作为返回值。参数为 true 时，将 m 元素的后代元素一并复制；否则，仅复制 m 元素本身。

示例代码：

```
var cloneB = b.cloneNode(true);
body.appendChild(cloneB);
```

运行结果如图 6-19 所示。

诸子百家，唯我纵横

弱者没有资格要求公平弱者没有资格要求公平

图 6-19

6.4.2　节点属性操作

节点的属性可以使用标签.属性的形式来表示。

1. 选取节点属性

m.属性名：驼峰形式，例如 m.className。
m["属性名"]：加引号，驼峰形式，例如 m.['className']。
m.getAttribute("属性名")：加引号，HTML 的形式，例如 m.getAttribute("class")。

2. 修改节点属性

采用前两种选取方法时，直接赋值即可；采用后一种选取方法时，可以设为 m.setAttribute("属性名"，" 值")。

3. 删除节点属性

元素节点.removeAttribute(属性名)：例如 m.removeAttribute("class")。

6.4.3　节点层级

1. 获取单个的子节点

（1）第一个子节点 | 第一个子元素节点

①firstChild

- 火狐、谷歌、IE9+版本：指的是第一个子节点（包括标签、空文档和换行节点）。
- IE6/7/8 版本：指第一个子元素节点（标签）。

②firstElementChild
火狐、谷歌、IE9+版本：指的是第一个子元素节点（标签）。

提　示
为了获取第一个子元素节点，我们可以在 IE6~8 中使用 firstChild，在火狐、谷歌、IE9+中使用 firstElementChild。综合这两个属性，可以写为： 第一个子元素节点 = 节点.firstElementChild || 节点.firstChild

（2）最后一个子节点 | 最后一个子元素节点

① lastChild

- 火狐、谷歌、IE9+版本：指的是最后一个子节点（包括标签、空文档和换行节点）。
- IE6~8 版本：指最后一个子元素节点（标签）。

② lastElementChild

火狐、谷歌、IE9+版本：指的是最后一个子元素节点（标签）。

提 示
为了获取最后一个子元素节点，我们可以在 IE6~8 中使用 lastChild，在火狐、谷歌、IE9+中使用 lastElementChild。综合这两个属性，可以写为： 最后一个子元素节点 = 节点.lastElementChild || 节点.lastChild

2. 获取所有的子节点

（1）childNodes：标准属性，返回的是指定元素的子节点的集合（包括元素节点、所有属性、文本节点），是 W3C 的子节点。

火狐、谷歌等高版本会把换行也看作子节点。（了解）

用法：

```
子节点数组 = 父节点.childNodes;    //获取所有节点
```

（2）children：非标准属性，返回的是指定元素的子元素节点的集合。（重要）

它只返回 HTML 节点，甚至不返回文本节点。

在 IE6~8 中包含注释节点（在 IE6~8 中，注释节点不要写在里面）。

虽然不是标准的 DOM 属性，但它和 innerHTML 方法一样，得到了几乎所有浏览器的支持。

用法：

```
子节点数组 = 父节点.children;    //获取所有节点，用得最多
```

3. 获取下一个兄弟节点

调用者就是节点。一个节点只有一个父节点，调用方式是节点.parentNode。

4. 获取下一个兄弟节点

（1）nextSibling

- 火狐、谷歌、IE9+版本：指的是下一个节点（包括标签、空文档和换行节点）。
- IE6~8 版本：指下一个元素节点（标签）。

（2）nextElementSibling

火狐、谷歌、IE9+版本：指的是下一个元素节点（标签）。

提 示
为了获取下一个元素节点，我们可以在 IE6~8 中使用 nextSibling，在火狐、谷歌、IE9+中使用 nextElementSibling。综合这两个属性，可以写为： 下一个兄弟节点 = 节点.nextElementSibling || 节点.nextSibling

5. 获取前一个兄弟节点

（1）previousSibling

- 火狐、谷歌、IE9+版本：指的是前一个节点（包括标签、空文档和换行节点）。
- IE6~8 版本：指前一个元素节点（标签）。

（2）previousElementSibling

火狐、谷歌、IE9+版本：指的是前一个元素节点（标签）。

提　示
为了获取前一个元素节点，我们可以在 IE6~8 中使用 previousSibling，在火狐、谷歌、IE9+中使用 previousElementSibling。综合这两个属性，可以写为： 前一个兄弟节点 = 节点.previousElementSibling || 节点.previousSibling

6. 获得任意一个兄弟节点

```
节点自己.parentNode.children[index];  //随意得到兄弟节点
```

注　意
childNodes 获取的是子节点，children 获取的是子元素；nextSibling 和 previousSibling 获取的是节点，nextElementSibling 和 previousElementSibling 获取的是元素；nextElementSibling 和 previousElementSibling 有兼容性问题，IE9 以后才支持。

示例：点击按钮改变所有 p 标签的样式。

```
<input type="button" value="变色" id="btn" />
<div id="div">
        <p>天泽</p>
        <span>百毒王</span>
        <p>驱尸魔</p>
        <span>焰灵姬</span>
        <p>无双鬼</p>
</div>
<script>
        document.getElementById('btn').onclick = function () {
            //先获取 div
            var dvObj = document.getElementById("div");
            //获取里面所有的子节点
            var nodes = dvObj.childNodes;
            //循环遍历所有的子节点
            for (var i = 0; i < nodes.length; i++) {
                //判断这个子节点是不是 p 标签
                if (nodes[i].nodeType == 1 && nodes[i].nodeName == "P") {
                    nodes[i].style.backgroundColor = "green";
                    nodes[i].style.color = 'white';
```

```
                }
            }
        }
</script>
```

运行结果如图 6-20 所示。

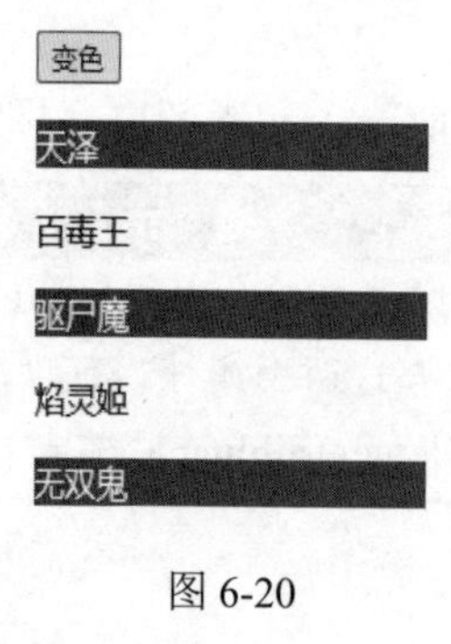

图 6-20

6.5 事件详解

事件是可以被 JavaScript 侦测到的行为，通俗地讲就是当用户与 Web 页面进行某些交互时，解释器就会创建响应的 event 对象以描述事件信息。

6.5.1 注册/移除事件的三种方式

```
<input type="button" id="btn" value="语录" />
<script>
        var btn = document.getElementById('btn');
        //-----------方式一----------
        //注册事件
        btn.onclick = function () {
            eventCode();
        };
        //解绑事件
        btn.onclick = null;
        //-----------方式二-----------
        //注册事件
        btn.addEventListener('click', eventCode, false);
        //解绑事件
        btn.removeEventListener('click', eventCode, false);
        //----------方式三-------------
        //注册事件
        //btn.attachEvent is not a function
```

```
        btn.attachEvent('onclick', eventCode);
        //解绑事件
        btn.detachEvent('onclick', eventCode);
        function eventCode() {
            console.log('得到了不该得到的，就会失去不该失去的');
    }
</script>
```

element.onclick 存在无法给同一个对象的同一个事件注册多个事件处理函数的问题。addEventListener()和 attachEvent()的相同点是都可以为元素绑定事件，不同点是：

- 方法名不一样。
- 参数个数不一样。addEventListener 有三个参数，attachEvent 有两个参数。addEventListener 中的最后一个参数若为 true，则采用事件捕获；若为 false 则采用事件冒泡。
- addEventListener 是谷歌、火狐、IE9+支持，IE8 不支持；attachEvent 是谷歌、火狐、IE11 不支持，IE8 及低版本支持。
- this 不同。addEventListener 中的 this 是当前绑定事件的对象，attachEvent 中的 this 是 Window。
- addEventListener 中事件的类型（事件的名字）没有 on，attachEvent 中事件的类型（事件的名字）有 on。

注　意

用什么方式绑定事件，就应该用对应的方式解绑事件：

(1) 注册/解绑事件方式一：对象.on 事件名字=事件处理函数。绑定事件方式为“对象.on 事件名字=null;”。

(2) 注册/解绑事件方式二：对象.addEventListener("没有 on 的事件类型",命名函数,false)。绑定事件方式为“对象.removeEventListener("没有 on 的事件类型",函数名字,false);”。

(3) 注册/解绑事件方式三：对象.attachEvent("on 事件类型",命名函数)。绑定事件方式为“对象.detachEvent("on 事件类型",函数名字);”。

将注册和解绑事件封装为对不同浏览器兼容公共的方法，代码如下：

```
//注册事件
function addEventListener(element, type, fn) {
    if (element.addEventListener) {
        element.addEventListener(type, fn, false);
    } else if (element.attachEvent) {
        element.attachEvent('on' + type, fn);
    } else {
        element['on' + type] = fn;
    }
}
//解绑事件
```

```
function removeEventListener(element, type, fn) {
    if (element.removeEventListener) {
        element.removeEventListener(type, fn, false);
    } else if (element.detachEvent) {
        element.detachEvent('on' + type, fn);
    } else {
        element['on' + type] = null;
    }
}
```

6.5.2 事件冒泡

多个元素嵌套时有层次关系，这些元素都注册了相同的事件，如果里面的元素的事件触发了，外面的元素的该事件会自动触发。也就是说，事件冒泡的走向是由子节点向父节点去触发同名事件。

示例代码：

```
<style>
        #divContainer {
            width: 250px;
            height: 150px;
            background-color: lightcoral;
        }
        #divBox {
            width: 200px;
            height: 100px;
            background-color: lightgreen;
        }
        #divItem {
            width: 150px;
            height: 70px;
            background-color: lightblue;
        }
</style>
<div id="divContainer">
        <div id="divBox">
            <div id="divItem"></div>
        </div>
</div>
<script>
        document.getElementById('divContainer').onclick = function () {
            console.log('我是 divContainer');
        }
        document.getElementById('divBox').onclick = function () {
            console.log('我是 divBox');
        }
        document.getElementById('divItem').onclick = function () {
            console.log('我是 divItem');
```

```
        }
        document.body.onclick = function () {
            console.log("我是大boss");
        };
</script>
```

运行结果如图 6-21 所示。

图 6-21

点击最内层的 div，控制台输出内容如下：

```
我是divItem
我是divBox
我是divContainer
我是大boss
```

阻止事件冒泡的标准方式是“event.stopPropagation();”，谷歌和火狐都支持；在 IE 低版本中使用的“event.cancelBubble = true;”，在标准中已废弃。

示例代码：

```
document.getElementById('divContainer').onclick = function () {
            console.log('我是divContainer');
}
document.getElementById('divBox').onclick = function (e) {
            //阻止事件冒泡
            e.stopPropagation();
            console.log('我是divBox');
}
document.getElementById('divItem').onclick = function () {
            console.log('我是divItem');
}
document.body.onclick = function () {
            console.log("我是大boss");
};
```

继续点击最内层的 div，控制台输出内容如下：

```
我是divItem
我是divBox
```

6.5.3 事件的三个阶段

JS 事件的三个阶段为：

- 捕获：事件由页面元素接收，逐级向下，最后到具体的元素。当使用事件捕获时，父级元素先触发，子元素后触发。关于事件捕获，W3C 规定：任何事件发生时，先从顶层开始进行事件捕获，直到事件触发到达事件源，再从事件源向上进行事件捕获。而IE浏览器只支持事件冒泡，不支持事件捕获，所以它不支持addEventListener("click", "doSomething", "true")方法，因此IE浏览器使用 ele.attachEvent("onclick",doSomething)。
- 目标：具体的元素本身。
- 冒泡：跟捕获相反，从具体元素本身开始，逐级向上，最后到页面元素。当使用事件冒泡时，子级元素先触发，父元素后触发。

不同浏览器事件冒泡执行顺序如下：

IE5.5：div→body→document。

IE6.0：div→body→html→document。

Mozilla：div→body→html→document→window。

阻止默认行为的方法如下：

- 在 W3C 中，使用 preventDefault()方法。
- 在 IE 中，使用 return false。
- 事件执行顺序是先捕获，后目标，再冒泡。也可理解为，捕获从外到内，冒泡从内到外。

另外，我们还可以用 event.eventPhase 去测试是什么阶段。捕获阶段，返回值为 1。目标阶段，返回值为 2。冒泡阶段，返回值为 3。在实际工作中，一般默认都是冒泡阶段，很少用捕获阶段。

示例代码：

```
var funArr = [
            function () {
                console.log('我是 divContainer');
            }, function () {
                console.log('我是 divBox');
            }, function () {
                console.log('我是 divItem');
            }, function () {
                console.log("我是大 boss");
            }
        ];
        //同时注册点击事件
        var objs = [document.getElementById('divContainer'), document.getEl
ementById('divBox'), document.getElementById('divItem'), document.body];
        //遍历注册事件
        objs.forEach(function (ele, index) {
```

```
            //为每个元素绑定事件
            ele.addEventListener("click", function (e) {
            console.log("当前阶段：" + e.eventPhase, "当前对象索引：" + index);
             funArr[index]();
              }, true);
});
```

控制台输出：

```
当前阶段：1 当前对象索引：0
我是大 boss
当前阶段：1 当前对象索引：1
我是 divContainer
当前阶段：1 当前对象索引：2
我是 divBox
当前阶段：2 当前对象索引：3
我是 divItem
```

思　考
如果为同一个元素绑定多个不同的事件，但是要指向相同的事件处理函数，该如何处理？

示例代码：

```
<input type="button" value="夜幕" id="btn" />
<script>
        document.getElementById("btn").onclick = fun; //鼠标点击
        document.getElementById("btn").onmouseover = fun; //鼠标移入
        document.getElementById("btn").onmouseout = fun; //鼠标移出
        function fun(e) {
            switch (e.type) {
                case "click":
                    alert("你点击了我");
                    break;
                case "mouseover":
                    this.style.backgroundColor = "lightgreen";
                    break;
                case "mouseout":
                    this.style.backgroundColor = "orange";
                    break;
            }
        }
</script>
```

通过 e.type 属性可以获取事件名称。

6.5.4　事件对象的属性和方法

Event 对象代表事件的状态，比如事件在其中发生的元素、键盘按键的状态、鼠标的位置、鼠标按钮的状态。Event 对象只在事件发生的过程中有效。

事件通常与函数结合使用，函数不会在事件发生前被执行！

注 意
event.target 不支持 IE 浏览器。

（1）事件句柄（Event Handlers，见表 6-1）

表 6-1　事件句柄

属性	描述
onabort	图像的加载被中断
onblur	元素失去焦点
onchange	域的内容被改变
onclick	当用户点击某个对象时调用的事件句柄
ondblclick	当用户双击某个对象时调用的事件句柄
onerror	在加载文档或图像时发生错误
onfocus	元素获得焦点
onkeydown	某个键盘按键被按下
onkeypress	某个键盘按键被按下并松开
onkeyup	某个键盘按键被松开
onload	一张页面或一幅图像完成加载
onmousedown	鼠标按钮被按下
onmousemove	鼠标被移动
onmouseout	鼠标从某元素移开
onmouseover	鼠标移到某元素之上
onmouseup	鼠标按键被松开
onreset	重置按钮被点击
onresize	窗口或框架被重新调整大小
onselect	文本被选中
onsubmit	确认按钮被点击
onunload	用户退出页面

（2）常用的鼠标和键盘属性（见表 6-2）

表 6-2　鼠标/键盘属性

属性	描述
altKey	返回当事件被触发时 Alt 键是否被按下
button	返回当事件被触发时哪个鼠标按钮被点击
clientX	返回当事件被触发时鼠标指针的水平坐标
clientY	返回当事件被触发时鼠标指针的垂直坐标
ctrlKey	返回当事件被触发时 Ctrl 键是否被按下
metaKey	返回当事件被触发时 meta 键是否被按下
relatedTarget	返回与事件的目标节点相关的节点
screenX	返回当某个事件被触发时鼠标指针的水平坐标
screenY	返回当某个事件被触发时鼠标指针的垂直坐标
shiftKey	返回当事件被触发时 Shift 键是否被按下

（3）event 属性和方法总结

- event.type：获取事件类型。
- clientX/clientY：所有浏览器都支持，窗口位置。
- pageX/pageY：IE8 以前不支持，页面位置。
- event.target || event.srcElement：用于获取触发事件的元素。
- event.preventDefault()：取消默认行为。
- type：事件的类型，如 onlick 中的 click。
- srcElement/target：事件源，就是发生事件的元素。
- button：声明被按下的鼠标键，整数，1 代表左键，2 代表右键，4 代表中键；如果按下多个键，就把这些值加起来，例如 3 就代表左、右键同时按下（Firefox/Google 中 0 代表左键，1 代表中键，2 代表右键）。
- clientX/clientY：事件发生的时候，鼠标相对于浏览器窗口可视文档区域左上角的位置。在 DOM 标准中，这两个属性值都不考虑文档的滚动情况。也就是说，无论文档滚动到哪里，只要事件发生在窗口左上角，clientX 和 clientY 都是 0。所以，要想在 IE 中得到事件发生的坐标相对于文档开头的位置，就需要加上 document.body. scrollLeft 和 document.body.scrollTop。
- offsetX、offsetY/layerX、layerY：事件发生的时候，鼠标相对于源元素左上角的位置。
- x、y/pageX、pageY：检索相对于父要素鼠标水平坐标的整数。
- altKey、ctrlKey、shiftKey 等：返回一个布尔值。
- keyCode：返回 keydown 和 keyup 事件发生时的按键代码，以及 keypress 事件的 Unicode 字符（Firefox2 不支持 event.keycode，可以用 event.which 替代）。
- fromElement、toElement：前者指代 mouseover 事件中鼠标移动过的文档元素，后者指代 mouseout 事件中鼠标移动到的文档元素。
- cancelBubble：一个布尔属性，把它设置为 true 的时候将停止事件进一步冒泡到包容层次的元素（e.cancelBubble = true; 相当于 e.stopPropagation();）。
- returnValue：一个布尔属性，设置为 false 的时候可以组织浏览器执行默认的事件动作。（e.returnValue = false; 相当于 e.preventDefault();）
- attachEvent()、detachEvent()/addEventListener()、removeEventListener：为制定 DOM 对象事件类型注册多个事件处理函数的方法，都有两个参数，一个是事件类型，另一个是事件处理函数。在 attachEvent()事件执行的时候，this 关键字指向的是 Window 对象，而不是发生事件的那个元素。
- screenX、screenY：鼠标指针相对于显示器左上角的位置。想打开新窗口时，这两个属性很重要。

Firefox/Google 中的 event 跟 IE 中的不同：IE 中的是全局变量，随时可用；Firefox/Google 中的要用参数引导才能用，是运行时的临时变量。在 IE/Opera 中是 window.event，在 Firefox/Google 中是 event。事件的对象，在 IE 中是 window.event.srcElement，在 Firefox/Google 中是 event.target，在 Opera 中两者均可用。

下面两句的效果相同：

```
var evt = evt ? evt : window.event ? window.event : null;
// firefox下window.event为null, IE下event为null
var evt = evt || window.event;
```

（4）案例

① 跟着鼠标飞的图片。

```
<style>
        img {
            width: 200px;
            height: 100px;
            position: absolute;
        }
</style>
<img src="../images//chutian.jpg" id="img" />
<script>
        var img = document.getElementById('img');
        document.onmousemove = function (event) {
            //解决兼容问题
            event = event || window.event;
            var x = event.clientX;
            var y = event.clientY;
            //有的浏览器把高度设计在文档的第一个元素中
           //有的浏览器把高度设计在body中
            var st = document.body.scrollTop || document.documentElement.sc
rollTop;
            var sl = document.body.scrollLeft || document.documentElement.s
crollLeft;
            //设置图片坐标
            img.style.left = x + sl + 'px';
            img.style.top = y + st + 'px';
        }
</script>
```

运行结果如图 6-22 所示。

图 6-22

② 鼠标点哪图片飞到哪，并获取鼠标坐标。

```
<style>
        img {
            width: 150px;
            height: 200px;
            position: absolute;
        }
</style>
<img src="../images//nvdi.jpg" id="img" />
<script>
        var img = document.getElementById('img');
        document.onclick = function (event) {
            //解决兼容问题
            event = event || window.event;
            var x = event.clientX;
            var y = event.clientY;
            //有的浏览器把高度设计在文档的第一个元素中
            //有的浏览器把高度设计在 body 中
            var st=document.body.scrollTop||document.documentElement.scrollTop;
            var sl=document.body.scrollLeft||document.documentElement.scrollLeft;

            //设置图片坐标
            img.style.left = x + sl + 'px';
            img.style.top = y + st + 'px';
            console.log('当前坐标: ', x, y)
        }
</script>
```

运行结果如图 6-23 所示。

图 6-23

6.6 偏移量

6.6.1 获取元素：offset 系列

- offsetParent：用于获取定位的父级元素。
- offsetWidth：获取元素的宽。
- offsetHeight：获取元素的高。
- offsetLeft：获取元素距离左边位置的值。
- offsetTop：获取元素距离上面位置的值。

offsetParent 和 parentNode 的区别是：offsetParent 指与位置有关的上级元素（只读），parentNode：指与位置无关的上级元素（只读）。

总　结
offsetParent 最多能获取到 body，再往上获取就是 null；parentNode 最多能获取 document 文档对象，再往上获取就是 null。

能使用 offsetTop 属性的顶级元素是 html。如果用了 html 的上一级 document，就会返回 undefined，所以 offsetTop 获取距离的参考元素应该是 document 文档对象。

示例图如图 6-24 所示。

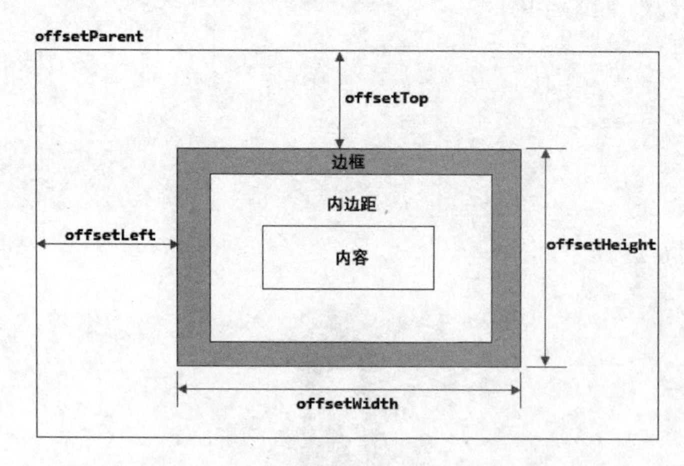

图 6-24

```
<style>
        #box {
           width: 200px;
           height: 200px;
           background-color: orange;
           border: 5px solid gray;
        }
```

```
        .item {
            width: 150px;
            height: 150px;
            background-color: green;
            margin: 25px;
        }
</style>
</head>
<body>
<div id="box">
        <div class="item"></div>
</div>
<script>
        var box = document.getElementById('box');
        console.log(box.offsetParent); //body
        console.log(box.offsetLeft); //8
        console.log(box.offsetTop);//8
        console.log(box.offsetWidth); //210
    console.log(box.offsetHeight);//210
</script>
```

界面运行结果如图 6-25 所示。

图 6-25

6.6.2 可视区域：client 系列

- clientWidth: 可视区域的宽（没有边框），边框内部的宽度。
- clientHeight: 可视区域的高（没有边框），边框内部的高度。
- clientLeft: 左边边框的宽度。
- clientTop: 上面边框的宽度。

可视区域如图 6-26 所示。

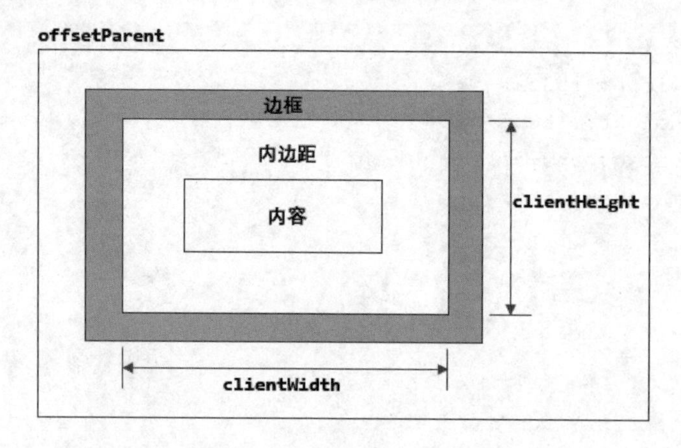

图 6-26

示例代码：

```
console.log(box.clientLeft); //5
console.log(box.clientTop); //5
console.log(box.clientWidth);//200
console.log(box.clientHeight); //200
```

6.6.3 滚动偏移：scroll 系列

- scrollWidth：元素中内容实际的宽（没有边框），如果没有内容就是元素的宽。
- scrollHeight：元素中内容实际的高（没有边框），如果没有内容就是元素的高。
- scrollLeft：返回元素左边缘与视图之间的距离，这里的视图指的是元素的内容（包括子元素以及内容）。
- scrollTop：返回元素上边缘与视图之间的距离。
- window.pageXOffset：整数，只读属性，表示 X 轴滚动条向右滚动过的像素数（表示文档向右滚动过的像素数）。IE 不支持该属性，使用 body 元素的 scrollLeft 属性替代。
- window.pageYoffset：整数，只读属性，表示 Y 轴滚动条向下滚动过的像素数（表示文档向下滚动过的像素数）。IE 不支持该属性，使用 body 元素的 scrollTop 属性替代。

示例图如图 6-27 所示。

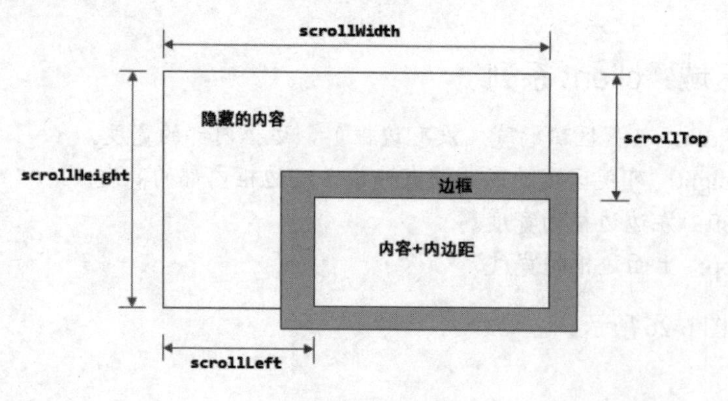

图 6-27

示例代码：

```
console.log(box.scrollLeft); //0
console.log(box.scrollTop); //0
console.log(box.scrollWidth); //200
console.log(box.scrollHeight) //200
```

6.7 综合案例

6.7.1 轮播图

需求：界面加载时，从第一张图开始，每隔 1 秒钟，自动更换一张图片，并且要在底部按钮中显示当前是第几张图片。当把鼠标移动到图片上时，可以点击前进、后退手动切换轮播图，当鼠标移动到底部指定数字上时，自动滚动到当前图片。

关键技术点：定时器，图片位移。

下面看一下示例代码。HTML 结构：

```
<body>
<div class="all" id='box'>
        <div class="screen">
            <!--相框-->
            <ul>
                <li><img src="../images/jiutian/1.jpg" /></li>
                <li><img src="../images/jiutian/2.jpg" /></li>
                <li><img src="../images/jiutian/3.jpg" /></li>
                <li><img src="../images/jiutian/4.jpg" /></li>
                <li><img src="../images/jiutian/5.jpg" /></li>
                <li><img src="../images/jiutian/6.jpg" /></li>
            </ul>
            <ol>
            </ol>
        </div>
        <div id="arr"><span id="left">&lt;</span><span id="right">&gt;</spa
n></div>
</div>
```

CSS 样式：

```
<style type="text/css">
        * {
            padding: 0;
            margin: 0;
```

```
        list-style: none;
        border: 0;
    }
    .all {
        width: 300px;
        height: 450px;
        padding: 7px;
        border: 1px solid #ccc;
        margin: 100px auto;
        position: relative;
    }
    .screen {
        width: 300px;
        height: 450px;
        overflow: hidden;
        position: relative;
    }
    .screen li {
        width: 300px;
        height: 450px;
        overflow: hidden;
        float: left;
    }
    .screen ul {
        position: absolute;
        left: 0;
        top: 0px;
        width: 3000px;
    }
    .screen ul li img {
        width: 300px;
        height: 450px;
    }
    .all ol {
        position: absolute;
        right: 10px;
        bottom: 10px;
        line-height: 20px;
        text-align: center;
    }
    .all ol li {
        float: left;
```

```
            width: 20px;
            height: 20px;
            background: #fff;
            border: 1px solid #ccc;
            margin-left: 10px;
            cursor: pointer;
        }
        .all ol li.current {
            background: lightblue;
        }
        #arr {
            display: none;
        }
        #arr span {
            width: 40px;
            height: 40px;
            position: absolute;
            left: 5px;
            top: 50%;
            margin-top: -20px;
            background: #000;
            cursor: pointer;
            line-height: 40px;
            text-align: center;
            font-weight: bold;
            font-family: '黑体';
            font-size: 30px;
            color: #fff;
            opacity: 0.3;
            border: 1px solid #fff;
        }
        #arr #right {
            right: 5px;
            left: auto;
        }
</style>
```

JS 代码：

```
<script>
        //获取最外面的 div
        var box = document.getElementById("box");
        //获取相框
```

```
var screen = box.children[0];
//获取相框的宽度
var imgWidth = screen.offsetWidth;
//获取 ul
var ulObj = screen.children[0];
//获取 ul 中所有的 li
var list = ulObj.children;
//获取 ol
var olObj = screen.children[1];
//焦点的 div 集合
var arr = document.getElementById("arr");

var pic = 0;//全局变量
//创建小按钮——根据 ul 中的 li 个数
for (var i = 0; i < list.length; i++) {
    //创建 li 标签，加入 ol 中
    var liObj = document.createElement("li");
    olObj.appendChild(liObj);
    liObj.innerHTML = (i + 1);
    //在每个 ol 中 li 标签上添加一个自定义属性，存储索引值
    liObj.setAttribute("index", i);
    //注册鼠标进入事件
    liObj.onmouseover = function () {
        //先干掉所有的 ol 中的 li 的背景颜色
        for (var j = 0; j < olObj.children.length; j++) {
            olObj.children[j].removeAttribute("class");
        }
        //设置当前鼠标进来的 li 的背景颜色
        this.className = "current";
        //获取鼠标进入的 li 的当前索引值
        pic = this.getAttribute("index");
        //移动 ul
        animate(ulObj, -pic * imgWidth);
    };
}
//设置 ol 中第一个 li 的背景颜色
olObj.children[0].className = "current";
//克隆 ul 中的第一个 li，加到 ul 的最后
ulObj.appendChild(ulObj.children[0].cloneNode(true));
//自动播放
var timeId = setInterval(clickHandle, 1000);
```

```
//鼠标进入到 id 为 box 的 div 上时，显示左右焦点的 div
box.onmouseover = function () {
    arr.style.display = "block";
    //鼠标移入 box 这个 div 时，清除之前的自动播放定时器
    clearInterval(timeId);
};
//鼠标离开到 box 的 div 隐藏左右焦点的 div
box.onmouseout = function () {
    arr.style.display = "none";
    //鼠标离开自动播放
    timeId = setInterval(clickHandle, 1000);
};
//右边按钮
document.getElementById("right").onclick = clickHandle;
function clickHandle() {
    //如果 pic 的值是 6，恰巧是 ul 中 li 的个数-1 的值，此时页面显示第七张图片，
    //而用户会认为这是第一张图，所以如果用户再次点击按钮，应该看到第二张图片
    if (pic == list.length - 1) {
        //如何从第七张图跳转到第一张图
        pic = 0;//先设置 pic=0
        ulObj.style.left = 0 + "px";//把 ul 的位置还原成开始的默认位置
    }
    pic++;//立刻设置 pic 加 1，此时用户就会看到第二张图片
    //pic 从 0 值开始加 1，之后 pic 的值是 1，ul 移出去一张图片
    animate(ulObj, -pic * imgWidth);
    //如果 pic==6 说明，此时显示第七张图(内容是第一张图片)，第一个小按钮有颜色
    if (pic == list.length - 1) {
        //清除第六个按钮颜色
        olObj.children[olObj.children.length - 1].className = "";
        //为第一个按钮设置颜色
        olObj.children[0].className = "current";
    } else {
        //清除所有小按钮的背景颜色
        for (var i = 0; i < olObj.children.length; i++) {
            olObj.children[i].removeAttribute("class");
        }
        olObj.children[pic].className = "current";
    }
};
//左边按钮
document.getElementById("left").onclick = function () {
    if (pic == 0) {
```

```
                pic = 6;
                ulObj.style.left = -pic * imgWidth + "px";
            }
            pic--;
            animate(ulObj, -pic * imgWidth);
            //设置小按钮的颜色——清除所有小按钮的颜色
            for (var i = 0; i < olObj.children.length; i++) {
                olObj.children[i].removeAttribute("class");
            }
            //为当前的pic索引对应的按钮设置颜色
            olObj.children[pic].className = "current";
        };

        //设置任意一个元素，移动到指定的目标位置
        function animate(element, target) {
            clearInterval(element.timeId);
            //将定时器的id值存储到对象的一个属性中
            element.timeId = setInterval(function () {
                //获取元素的当前位置，数字类型
                var current = element.offsetLeft;
                //每次移动的距离
                var step = 10;
                step = current < target ? step : -step;
                //当前移动到位置
                current += step;
                if (Math.abs(current - target) > Math.abs(step)) {
                    element.style.left = current + "px";
                } else {
                    //清理定时器
                    clearInterval(element.timeId);
                    //直接到达目标
                    element.style.left = target + "px";
                }
            }, 10);
        }
</script>
</body>
```

运行结果如图 6-28 所示。

图 6-28

6.7.2　固定导航栏

需求：当鼠标向下滚动时，如果滚动的高度大于等于顶部 banner 条高度，就将导航条固定起来，只局部滚动内容区域。

HTML 代码：

```
<div class="container">
      <div class="banner" id="bannerPart">
        <img src="../images/fixed_nav/banner.png" />
      </div>
      <div class="nav" id="navPart">
        <img src="../images/fixed_nav/nav.png" />
      </div>
      <div class="main" id="mainPart">
        <img src="../images/fixed_nav/main.png" />
        <img src="../images/fixed_nav/main2.png" style="margin-left: 2px;"
/>
      </div>
</div>
```

CSS 代码：

```
<style>
      * {
        margin: 0;
        padding: 0;
      }
      .container {
        width: 926px;
```

```
          margin: 0px auto;
          height: 100%;
        }
        img {
          vertical-align: top;
        }
        .main {
          margin: 0 auto;
          width: 926px;
        }
        .fixed {
          position: fixed;
          top: 0;
          left: 50%;
          margin-left: -463px;
        }
</style>
```

JS 代码：

```
<script>
        //获取页面向上或者向左移出去的距离值
        function getScroll() {
          return {
            left:
              window.pageXOffset ||
              document.documentElement.scrollLeft ||
              document.body.scrollLeft ||
              0,
            top:
              window.pageYOffset ||
              document.documentElement.scrollTop ||
              document.body.scrollTop ||
              0,
          };
        }

        //注册滚动事件
        window.onscroll = function () {
          //向上移出去的距离和最上面的 div 的高度对比
          if (
            getScroll().top >= document.getElementById('bannerPart').offsetHeight
          ) {
            //设置第二个 div 的类样式
```

```
            document.getElementById('navPart').className = 'nav fixed';
            //设置第三个 div 的 marginTop 的值
            document.getElementById('mainPart').style.marginTop =
              document.getElementById('navPart').offsetHeight + 'px';
        } else {
            document.getElementById('navPart').className = 'nav';
            document.getElementById('mainPart').style.marginTop = '10px';
        }
    };
</script>
```

初始状态如图 6-29 所示。

图 6-29

滚动时的效果如图 6-30 所示。

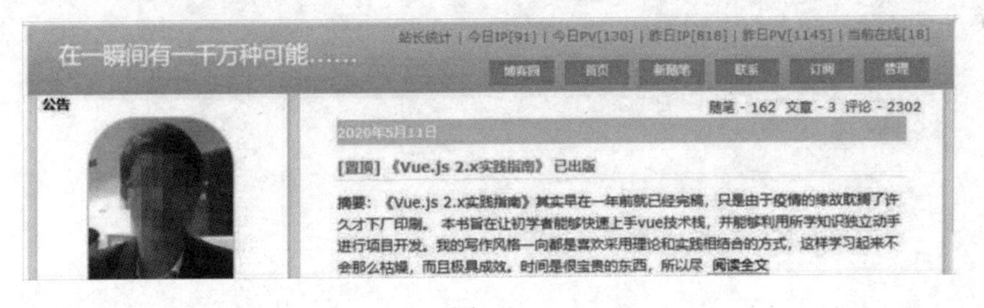

图 6-30

6.7.3　导航栏特效

需求：当鼠标移动到特定的选项时，将一个带有特定样式的浮层浮到此处，如果点击了某个选项，浮层就会一直停留在此处。注意，浮层的 z-index 属性要小于选项的 z-index 值，否则会把选项遮盖掉。

HTML 代码：

```
<div class="nav">
      <span id="bgSpan"></span>
```

```
        <ul id="navBar">
          <li>幻音坊</li>
          <li>通文馆</li>
          <li>玄冥教</li>
          <li>不良人</li>
          <li>十二峒</li>
          <li>天师府</li>
        </ul>
</div>
```

CSS 样式：

```
<style>
        * {
          margin: 0;
          padding: 0;
        }
        ul {
          list-style: none;
        }
        body {
          background-color: #333;
        }
        .nav {
          width: 600px;
          height: 42px;
          margin: 100px auto;
          background-color: #fff;
          border-radius: 10px;
          position: relative;
        }
        .nav li {
          width: 83px;
          height: 42px;
          text-align: center;
          line-height: 42px;
          float: left;
          cursor: pointer;
        }
        .nav span {
          position: absolute;
          top: 0;
          left: 0;
          width: 83px;
```

```
        height: 42px;
        background: url(../images/nav/cloud.gif) no-repeat;
      }
      ul {
        position: relative;
      }
</style>
```

JS 代码：

```
<script>
      //匀速动画(指定元素，目标位置)
      function animate(element, target) {
        //清理定时器
        clearInterval(element.timeId);
        element.timeId = setInterval(function () {
          //获取元素的当前位置
          var current = element.offsetLeft;
          //移动的步数
          var step = (target - current) / 10;
          step = step > 0 ? Math.ceil(step) : Math.floor(step);
          current += step;
          element.style.left = current + 'px';
          if (current == target) {
            //清理定时器
            clearInterval(element.timeId);
          }
        }, 20);
      }

      //获取背景浮层
      var bgSpan = document.getElementById('bgSpan');
      //获取所有的 li 标签
      var list = document.getElementById('navBar').children;
      //循环遍历，分别注册鼠标进入，鼠标离开，点击事件
      for (var i = 0; i < list.length; i++) {
        //鼠标进入事件
        list[i].onmouseover = mouseoverHandle;
        //点击事件
        list[i].onclick = clickHandle;
        //鼠标离开事件
        list[i].onmouseout = mouseoutHandle;
      }
      function mouseoverHandle() {
```

```
            //进入
            //移动到鼠标此次进入的 li 的位置
            animate(bgSpan, this.offsetLeft);
          }
          //点击的时候记录此次点击的位置
          var lastPosition = 0;
          //点击
          function clickHandle() {
            lastPosition = this.offsetLeft;
          }
          //离开
          function mouseoutHandle() {
            animate(bgSpan, lastPosition);
          }
    </script>
```

运行结果如图 6-31 所示。

图 6-31

第3部分

JavaScript 进阶

本部分主要讲解JavaScript的一些高级特性，诸如原型及作用、继承、高阶函数、内置方法、正则表达式等，并通过一些小案例来对每一节的知识进行总结。

第 7 章

◂JavaScript 面向对象编程▸

前面我们说到 JavaScript 是基于对象编程的，但是现在 JavaScript 正在逐步开始转向面向对象编程，许多事物都不是一成不变的，JavaScript 也是如此。通过本章的学习，你将掌握：

- 面向对象思想
- JavaScript 创建对象
- 原型和原型链
- JavaScript 继承的实现

7.1 面向对象简介

面向对象编程并不是如图 7-1 所示的场景。

图 7-1

1. 什么是面向对象

面向对象只是过程式代码的一种高度封装，目的在于提高代码的开发效率和可维护性。面向对象编程（Object Oriented Programming，OOP）是一种编程开发思想。它将真实世界各种复杂的关系抽象为一个个对象，然后由对象之间的分工与合作完成对真实世界的模拟。

在面向对象程序开发思想中，每一个对象都是功能中心，具有明确分工，可以完成接受信息、处理数据、发出信息等任务。因此，面向对象编程具有灵活、代码可复用、高度模块化等特点，容易维护和开发，比起由一系列函数或指令组成的传统的过程式编程（procedural programming）来说，更适合多人合作的大型软件项目。

2. 什么是面向过程

面向过程就是分析出解决问题所需要的步骤，然后用函数把这些步骤一步一步实现，使用的时候再一个一个地依次调用就可以了。面向过程就是亲力亲为，事无巨细，面面俱到，步步紧跟，有条不紊。

3. 面向对象与面向过程的对比（见表 7-1）

面向对象是把事务分解成为一个个对象，然后由对象之间分工与合作。面向对象将执行者转变成指挥者，也就是找一个对象，指挥它得到最终结果。面向对象不是面向过程的替代，而是面向过程的封装。

表 7-1　面向对象和面向过程的对比

	面向过程	面向对象
优点	性能比面向对象高，适合跟硬件联系很紧密的东西，例如单片机就采用的是面向过程编程	易维护、易复用、易扩展，由于面向对象有封装、继承、多态性的特性，因此可以设计出低耦合的系统，使系统更加灵活、更加易于维护
缺点	不易维护、不易复用、不易扩展	性能比面向过程低

4. 面向过程到面向对象的转化

以面向过程的方式进行编程，每一步都要我们自己去写，为了简化编程，我们需要转变思想，即通过面向对象的方式进行编程。面向对象的思想是先抽象再实例化。

假如我们要模拟现实生活当中的一个人，那么如何把这个真实世界的人变成编程电脑当中的代码呢？我们可以通过代码的方式来模拟这个人在生活当中所做的一些事情，也就是把人的特征和行为全部抽象出来，转换成代码的方式。

- 对象：特指的某个事物，具有属性和方法（一组无序的属性集合）。
- 特征：属性。
- 行为：方法。

对象示例：韦小宝（姓名，性别，年龄，身份）。

7.2 创建对象的方式

在第 4 章中提到过创建对象的 4 种方式，这里将对这 4 种方式进行更加详细的讲解。

7.2.1 以字面量的方式创建对象

直接将{}对象赋值给一个变量，{}中可以使用键值对的形式定义对象的属性和方法，以初始化对象。

```
var weixiaobao = {
        name: '韦小宝',
        age: 13,
        identity: '天地会香主、神龙岛白龙使、大清一等子爵',
        eat: function() {
          console.log('吃烧鸡');
        },
        drink: function() {
          console.log('喝扬州女儿红');
        }
};
```

以字面量创建对象的缺陷是创建的是一次性的对象。如果要修改对象中的属性和方法，那么每次都必须全部手动改一遍，会造成不必要的代码冗余。

7.2.2　通过调用系统的构造函数来创建对象

Object 是系统内置对象，构造函数通过 new 来实例化对象。

```
var chenjinnan = new Object();
chenjinnan.name = '陈近南';
chenjinnan.age = 30;
chenjinnan.identity = '天地会总舵主';
chenjinnan.doWork= function() {
   console.log('反清复明');
};
```

7.2.3　通过自定义构造函数来创建对象

函数和构造函数的区别是看名字是不是大写（构造函数首字母是大写的）。

```
// 自定义构造函数
function Person(name, age, sex) {
    this.name = name;
    this.age = age;
    this.sex = sex;
    this.fight= function() {
        console.log('使出化骨绵掌');
    };
}
// 创建对象:实例化一个对象的同时对属性进行初始化
var haidafu = new Person('海大富', 50, '不男不女');
```

以自定义构造函数的方式创建对象的步骤如下：

（1）开辟空间存储对象。

（2）把 this 设置为当前对象。

（3）设置属性和方法的值。

（4）返回 this 对象。

以前面两种方式创建的对象都是 Object 类型，自定义构造函数相较于前两种方式，它可以知道创建对象的类型，而且写起来非常方便，因为所有对象创建的内容都在自定义构造函数里面。我们可以通过如下代码来判断对象的类型：

```
console.log(weixiaobao instanceof Object); //true
console.log(chenjinnan instanceof Object); //true
console.log(haidafu instanceof Person); //true
```

7.2.4 以工厂模式创建对象

如果你熟悉软件开发中的 23 种常见设计模式，那么你对此一定不会感到陌生。工厂模式是一种用来创建对象的设计模式，不暴露对象创建的逻辑，而是将逻辑封装在一个函数内部，这个函数就可以称为工厂。

```
// 工厂模式创建对象
function createObject(name, age,country) {
        var obj = new Object();
        obj.name = name;
        obj.age = age;
        obj.country=country;
        obj.fight= function() {
          console.log('使出百步飞剑');
        };
        return obj;
}
var per = createObject('盖聂', 30,'秦国');
```

7.2.5 工厂模式和自定义构造函数创建对象的区别

1. 共同点

两者都是函数，都可以创建对象，都可以传入参数。

2. 区别

工厂模式：函数名是小写的，有 new，有返回值，new 之后的对象是当前的对象，直接调用函数就可以创建对象。

自定义构造函数：函数名是大写（首字母）的，没有 new，没有返回值，this 是当前的对象，通过 new 的方式来创建对象。

在后面的章节中，更多的是以构造函数的方式来创建对象。

7.2.6　构造函数和对象的关系

在 7.1.3 的例子中，我们通过如下代码将对象的结构显示出来：

```
console.dir(Person);
console.dir(haidafu);
```

运行代码，在浏览器控制台中的效果如图 7-2 所示。

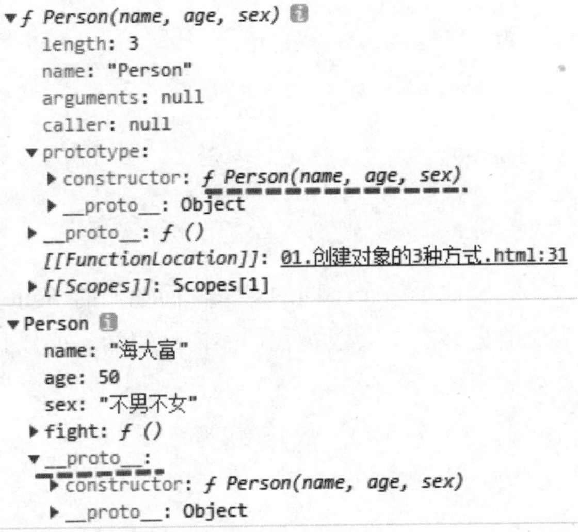

```
▼ƒ Person(name, age, sex)
   length: 3
   name: "Person"
   arguments: null
   caller: null
  ▼prototype:
    ▶constructor: ƒ Person(name, age, sex)
    ▶__proto__: Object
  ▶__proto__: ƒ ()
   [[FunctionLocation]]: 01.创建对象的3种方式.html:31
  ▶[[Scopes]]: Scopes[1]
▼Person
   name: "海大富"
   age: 50
   sex: "不男不女"
  ▶fight: ƒ ()
  ▼__proto__:
    ▶constructor: ƒ Person(name, age, sex)
    ▶__proto__: Object
```

图 7-2

Person 是构造函数，在它的 prototype 属性中存在构造器（constructor）Person，而对象 haidafu 中有一个__proto__属性，我们发现创建对象时对象的__proto__属性指向函数的 prototype，name、age 这些属性都在实例对象中。

```
console.log(haidafu.constructor == Person); //ture
console.log(haidafu.__proto__.constructor == Person); //ture
console.log(
    haidafu.__proto__.constructor == Person.prototype.constructor
); //ture
```

判断对象是否是某个数据类型，通过以下两种方式：

- 通过构造器的方式：实例对象.构造器==构造函数名字。
- 通过 instanceof 方法：对象 instanceof 构造函数名字（推荐）。

示例代码如下：

```
console.log(haidafu instanceof Person); //true
console.log(haidafu.constructor == Person); //ture
```

7.3 原型的引入

我们先来看一段代码：

```
function Person(name, age, sex) {
        this.name = name;
        this.age = age;
        this.sex = sex;
        this.fight = function() {
          console.log('使出多重影分身术');
        };
}
var mingren = new Person('漩涡鸣人', 35, '男');
var boren = new Person('漩涡博人', 10, '男');
console.log(mingren.fight == boren.fight); //false
```

通过同一个构造函数，实例化了两个不同的对象，而他们的 fight 方法已经不再是同一个方法。这样一来就无法实现数据共享，会浪费我们的内存空间。如果我们要共享 fight 方法，该如何来改造代码呢？具体如下：

```
function fight() {
        console.log('使出多重影分身术');
}
function Person(name, age, sex) {
        this.name = name;
        this.age = age;
        this.sex = sex;
        this.fight = fight;
}
var mingren = new Person('漩涡鸣人', 35, '男');
var boren = new Person('漩涡博人', 10, '男');
console.log(mingren.fight == boren.fight); //true
```

通过将 fight 方法单独提取出来进行改造后，虽然实现了 fight 方法共享，但是又带来了一个新的问题：如果我们在代码的其他地方又声明了一个 fight 变量，就会引起命名冲突。

可以通过原型来解决数据共享和节省内存空间的问题。

```
function Person(name, age, sex) {
        this.name = name;
        this.age = age;
        this.sex = sex;
}
//通过原型添加方法，实现数据共享
```

```
Person.prototype.fight = function() {
        console.log('使用螺旋丸');
};
var mingren = new Person('漩涡鸣人', 35, '男');
var boren = new Person('漩涡博人', 10, '男');
console.log(mingren.fight == boren.fight); //true
console.dir(Person);
```

浏览器控制台运行效果如图 7-3 所示。

```
true
▼ƒ Person(name, age, sex)
    length: 3
    name: "Person"
    arguments: null
    caller: null
  ▼prototype:
    ▶fight: ƒ ()
    ▶constructor: ƒ Person(name, age, sex)
    ▶__proto__: Object
```

图 7-3

7.4 面向过程和面向对象

我们通过一个小的示例来帮助大家理解面向过程和面向对象。假设按钮的初始化文本为“变化”，此时点击按钮，孙悟空的图片变化为牛魔王，同时按钮的文字变为“还原”；再点击按钮，图片变为孙悟空，文字变为“变化”，如图 7-4 所示。

图 7-4

（1）面向过程的实现方式

```
<input type="button" value="变化" id="btn" />
<img id="img" src="../imgs/wukong.jpg" style="width:200px;height:120px" />
<script>
    document.getElementById('btn').onclick = function() {
      if (this.value == '变化') {
        document.getElementById('img').src = '../imgs/niumowang.png';
```

```
            this.value = '还原';
        } else {
            document.getElementById('img').src = '../imgs/wukong.jpg';
            this.value = '变化';
        }
    };
</script>
```

注　意

方法中的 this 是由调用者决定的，谁调用方法，this 就代表谁。

（2）面向对象的实现方式

首先我们分析两个对象：一个是按钮对象，一个是图片对象。按钮对象有 value 属性和点击方法，图片对象有 src 属性。

```
function ChangeImg(options) {
        this.btnObj = options.btnObj;
        this.imgObj = options.imgObj;
}
ChangeImg.prototype.init = function() {
        var that = this;
        that.btnObj.onclick = function() {
          if (this.value == '变化') {
            that.imgObj.src = '../imgs/niumowang.png';
            this.value = '还原';
          } else {
            that.imgObj.src = '../imgs/wukong.jpg';
            this.value = '变化';
          }
        };
};
// 实例化对象
var obj = new ChangeImg({
        btnObj: document.getElementById('btn'),
        imgObj: document.getElementById('img')
});
obj.init(); //调用方法
```

注　意

在上述代码中有个 that，我们知道 this 是由调用者决定的，当方法中嵌套了方法的时候，this 在不同的方法中指向的对象不一样，为了在嵌套方法中可以调用到最外层的对象，我们需要以 var that=this;的方式将最外层的对象进行临时存储。

以上两种实现方式的最终实现效果是一样的，乍看之下，好像面向过程的方式更加精简，实际上，当我们的应用日趋复杂的时候，面向对象的实现方式将会更加直观。

7.5 构造函数、原型对象、实例对象之间的关系

先有构造函数，构造函数的 prototype 属性指向原型对象，通过构造函数可以实例化实例对象，实例对象的__proto__属性指向构造函数的原型对象，原型对象的 constructor 构造器指向构造函数，构造函数的原型对象（prototype）中的方法是可以被实例对象直接访问的。

构造函数、原型对象、实例对象之间的关系如图 7-5 所示。

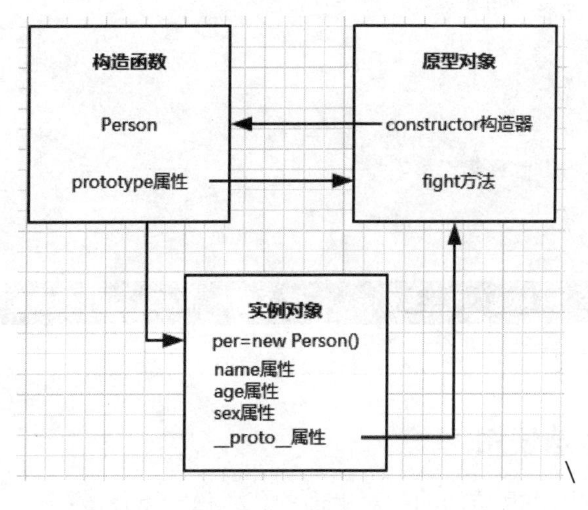

图 7-5

7.6 利用原型共享数据

需要共享的数据需要写在原型中，因为原型的作用之一就是数据共享。不需要共享的数据写在构造函数中。

7.6.1 原型的简单语法

在前面的示例当中，我们通过构造函数.prototype.属性（方法）的方式来添加原型属性或者方法，示例代码如下：

```
// 忍者
function Ninja(name, age) {
      this.name = name;
```

```
        this.age = age;
}
// 所有忍者都具备的技能
Ninja.prototype.skill='体术';
Ninja.prototype.fight=function(){
        console.log('扔手里剑')
}
```

我们发现原型上的所有属性和方法都是在 Ninja.prototype 对象上添加的，因此我们可以直接将一个对象赋值给 Ninja.prototype 对象，代码如下：

```
Ninja.prototype = {
        //手动修改构造器的指向
        constructor: Ninja,
        skill: '体术',
        fight: () => {
          console.log('扔手里剑');
        }
};
```

注 意

这种方式需要手动给构造器进行赋值。

7.6.2 原型中的方法使用

原型中的方法是可以相互访问的，对上面的代码做一下修改：

```
Ninja.prototype = {
        //手动修改构造器的指向
        constructor: Ninja,
        skill: '体术',
        fight: function() {
          console.log('扔手里剑');
          this.eat();
        },
        eat: () => {
          console.log('吃一乐拉面');
        }
};
var chutian = new Ninja('雏田', 21);
chutian.fight();
```

在调用实例对象中的属性或方法时，首先会从实例中查找，如果在对象中找不到，就会继续去创建该实例对象的构造函数的原型对象中进行查找，一层一层往上找，直至找到为止，如果找不到会报错，最上层的原型对象是 Object 对象，这就是原型链。

```
// 忍者
function Ninja(name, age) {
        this.name = name;
        this.age = age;
        this.eat = function() {
          console.log('吃红色辣椒丸');
        };
}
Ninja.prototype = {
//手动修改构造器的指向
constructor: Ninja,
        skill: '体术',
        fight: function() {
          console.log('扔手里剑');
        },
        eat: () => {
          console.log('吃一乐拉面');
        }
};
var dingci = new Ninja('秋道丁次',21);
dingci.eat();
dingci.fight();
```

控制台的运行效果如图 7-6 所示。

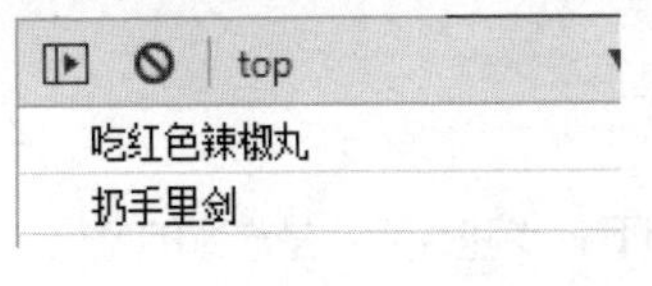

图 7-6

实例中没有 fight 方法，但是依旧可以调用，这是因为调用了原型对象上的 fight 方法。

7.6.3　内置对象的原型方法

以数组 Array 为例，代码如下：

```
var arr = new Array(1, 2, 3, 4, 5);
arr.join('-');
console.dir(arr);
```

运行结果如图 7-7 所示。

```
▼Array(5)
  0: 1
  1: 2
  2: 3
  3: 4
  4: 5
  length: 5
 ▼__proto__: Array(0)
   length: 0
  ▶constructor: ƒ Array()
  ▶concat: ƒ concat()
  ▶copyWithin: ƒ copyWithin()
  ▶fill: ƒ fill()
  ▶find: ƒ find()
  ▶findIndex: ƒ findIndex()
  ▶lastIndexOf: ƒ lastIndexOf()
  ▶pop: ƒ pop()
  ▶push: ƒ push()
  ▶reverse: ƒ reverse()
  ▶shift: ƒ shift()
  ▶unshift: ƒ unshift()
  ▶slice: ƒ slice()
  ▶sort: ƒ sort()
  ▶splice: ƒ splice()
  ▶includes: ƒ includes()
  ▶indexOf: ƒ indexOf()
  ▶join: ƒ join()
  ▶keys: ƒ keys()
```

图 7-7

我们能否在系统对象原型添加方法呢？当然可以！假设给字符串 String 对象添加一个字符首尾增加指定字符的方法。

```
var str = new String('暖阳下，我迎芬芳，是谁家的姑娘');
console.log(str.toString());
String.prototype.addChar = function(starChar, endChar) {
        return starChar + this + endChar;
};
console.log(str.addChar('[', ']'));
```

控制台运行结果如图 7-8 所示。

```
暖阳下，我迎芬芳，是谁家的姑娘
[暖阳下，我迎芬芳，是谁家的姑娘]
```

图 7-8

7.6.4 把局部变量变成全局变量

我们声明了一个函数，如果不使用函数的自调用，想让函数在页面加载后马上执行一遍，就需要手动调用，代码如下：

```
function fun() {
        console.log('函数调用');
}
```

```
fun();
```

函数自调用的形式：

```
 (function() {
        console.log('函数自调用');
})();
```

函数自调用传参：

```
 (function(形参) {
        var str = '我就是我'; //局部变量
})(实参);
```

浏览器中 window 是一个全局对象，所以直接在全局对象上挂载属性变量之后就变成全局的了。通过函数自调用的形式，创建全局变量，代码如下：

```
 (function(win) {
        var str = '我就是我'; //局部变量
        win.str = str; //js 是一门动态类型的语言，即使一开始对象没有属性，点了就有了
     })(window);
console.log(str + '，是不一样的烟火');
```

浏览器控制台运行结果：

```
我就是我，是不一样的烟火
```

7.7 原型及原型链

在前面的章节中，我们已经对原型及其作用做了讲解，如果想要使用一些属性和方法，并且让属性的值在每个对象中都是一样的、方法在每个对象中的操作也都是一样的，那么为了共享数据以便节省内存空间，可以把属性和方法通过原型的方式进行赋值。

实例对象的原型（__proto__）和构造函数的原型（prototype）指向是相同的，也就是说，实例对象中的原型（__proto__）指向的就是构造函数中的原型（prototype）。实例对象可以直接访问原型对象中的属性或者方法。

原型链是一种实例对象和原型对象之间的关系，而关系是通过原型（__proto__）来联系的。

7.7.1 原型指向可以改变

实例对象的原型（__proto__）指向的是该对象所在的构造函数的原型对象，构造函数的原型对象（prototype）指向如果改变了，实例对象的原型（__proto__）指向也会发生改变。

我们先通过一个示例来了解原型指向的改变：

```
//人的构造函数
function Person() {
        this.remark = '人生自古谁无死';
```

```
}
//人的原型对象方法
Person.prototype.eat = function() {
        console.log('民以食为天');
};
//农民的构造函数
function Farmer() {}
Farmer.prototype.doWork = function() {
        console.log('锄禾日当午');
};
//农民的原型指向了一个人的实例对象
Farmer.prototype = new Person();
var far = new Farmer();
far.eat();
far.doWork();
```

在浏览器控制台中的运行结果如图 7-9 所示。

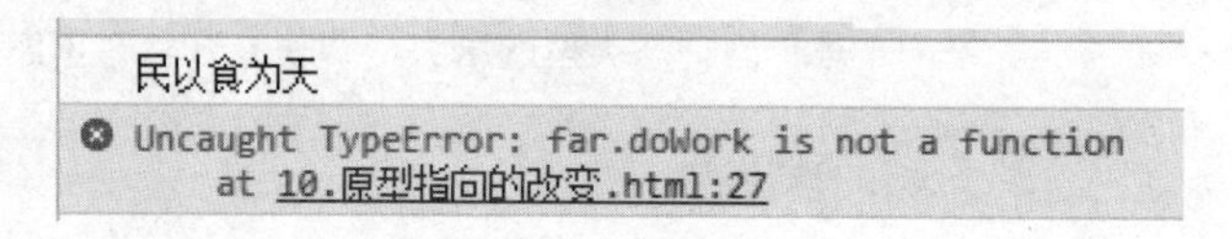

图 7-9

可以看到农民对象 far 的 doWork 方法不存在，虽然一开始我们在农民（Farmer）的构造函数原型上添加了方法 doWork，但是后来我们把农民的原型指向了一个人（Person）的实例对象，所以原来农民（Farmer）上的原型对象变得不可用，如图 7-10 所示。

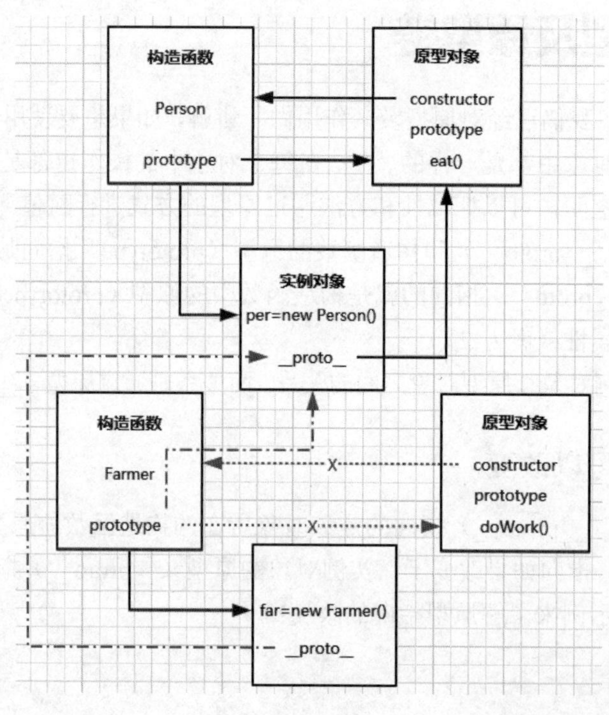

图 7-10

总　结
实例对象中有__proto__原型，构造函数中有 prototype 原型，因为 prototype 是对象，所以 prototype 这个对象中也有__proto__。因为实例对象中的__proto__指向的是构造函数的 prototype，所以 prototype 这个对象中__proto__指向的应该是某个构造函数的原型 prototype。

输入如下代码：

```
var per = new Person();
console.dir(per);
console.dir(Person);
```

运行结果如图 7-11 所示。

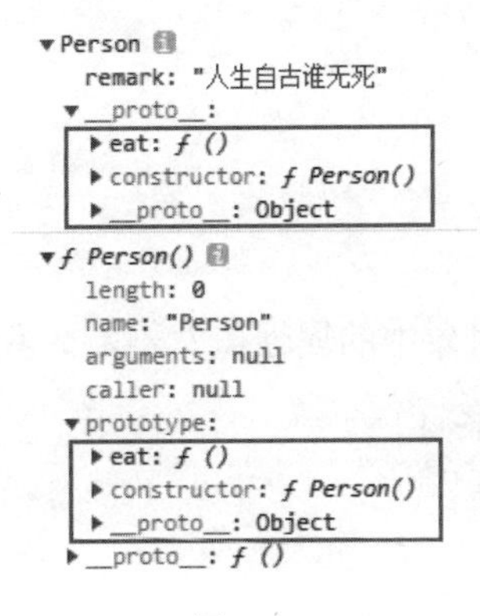

图 7-11

由图 7-11 可以知道，per 实例对象的__proto__和 Person 构造函数中的 prototype 内容一模一样。

我们再来看一下如下代码的运行结果：

```
console.log(per.__proto__ == Person.prototype); //true
console.log(per.__proto__.__proto__ == Person.prototype.__proto__);//true
console.log(Person.prototype.__proto__ == Object.prototype); //true
console.log(Object.prototype.__proto__); // null
```

per 实例对象的__proto__→（指向）Person.prototype 的__proto__→（指向）Object.prototype 的__proto__，Object.prototype 的__proto__是 null。

原型指向改变，如何添加原型方法？将添加原型的方法放置到原型改变之后，如下所示：

```
Farmer.prototype = new Person();
Farmer.prototype.doWork = function() {
        console.log('锄禾日当午');
};
```

7.7.2　实例对象属性和原型对象属性重名问题

实例对象访问某个属性时，会先从实例对象中找，找到了就直接用，找不到就去指向的原型对象中找，找到了就使用，找不到就显示 undefined。

```
//人的构造函数
function Person(job, motto) {
        this.job = job;
         if (motto) {
          this.motto = motto;
        }
}
//人的原型对象方法
Person.prototype.motto = '王侯将相宁有种乎';
var per = new Person('农民', '皇帝轮流做，今天到我家');
console.log(per.motto);
console.log(per.age);
```

运行结果如下：

```
皇帝轮流做，今天到我家
undefined
```

通过实例对象能否改变原型对象中的属性值？不能！我们来看一段代码：

```
var per1 = new Person('亭长');
per1.motto = '大丈夫当如是耳！';
console.log(per1);
```

运行结果如图 7-12 所示。

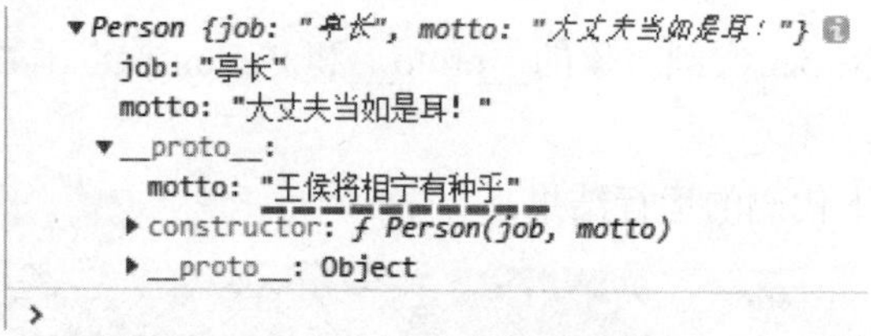

```
▼Person {job: "亭长", motto: "大丈夫当如是耳！"}
   job: "亭长"
   motto: "大丈夫当如是耳！"
 ▼__proto__:
    motto: "王侯将相宁有种乎"
  ▶constructor: ƒ Person(job, motto)
  ▶__proto__: Object
>
```

图 7-12

我们可以看到原型中的 motto 属性没有改变。

可以直接通过原型对象.属性=值的方式改变原型对象中属性的值，如下代码所示：

```
Person.prototype.motto = '大丈夫当如是耳！';
var per2 = new Person('亭长');
console.log(per2);
console.log(per2.motto);
```

运行结果如图 7-13 所示。

```
▼Person {job: "亭长"}
   job: "亭长"
  ▼__proto__:
     motto: "大丈夫当如是耳！"
    ▶constructor: ƒ Person(job, motto)
    ▶__proto__: Object
大丈夫当如是耳！
```

图 7-13

7.7.3 通过一个 HTML 的元素对象来查看原型链

添加如下代码：

```
<span id="spn">块</span>
<script>
      var spnObj = document.getElementById('spn');
      console.dir(spnObj);
</script>
```

在浏览器控制台中依次点开对象的__proto__，我们会看到如下的指向：

spnObj.__proto__ → HTMLSpanElement.__proto__ → HTMLElement.__proto__ → Element.__proto__→Node.__proto__→EventTarget.__proto__→Object.prototype 没有__proto__，所以 Object.prototype 中的__proto__是 null。

7.8 实现继承

面向对象的编程思想是：首先根据需求分析对象，提取对象的特征和行为，再通过代码的方式来实现需求。要想实现需求，就要创建对象，要想创建对象，就应该先有构造函数，然后通过构造函数来创建对象，最后通过对象调用属性和方法来实现相应的功能及需求。

JS 不是一门面向对象的语言，而是一门基于对象的语言，那么为什么学习 JS 还要学习面向对象呢？因为面向对象的思想更符合人的想法，编程会更加方便，同时更有利于后期的代码维护和扩展。

面向对象的编程语言中有类（class）的概念（class 也是一种特殊的数据类型），可是 JS 不是面向对象的语言，所以 JS 中没有类（class），但是 JS 可以模拟面向对象的思想编程，JS 中可以通过构造函数来模拟类（class）的概念。（注：在 ES6 之后已经有了类。）

面向对象有三大特性：封装，继承，多态。

（1）封装就是包装，例如以下场景：

- 一个值存储在一个变量中。
- 一些重复代码放在一个函数中。
- 一系列的属性放在一个对象中。

- 一些功能类似的函数（方法）放在一个对象中。
- 许多相类似的对象放在一个 JS 文件中。

（2）继承是一种关系，类与类之间的关系。JS 中没有类，但是可以通过构造函数模拟类，然后通过原型来实现继承。继承是为了数据共享，在前面的章节中我们讲到了原型的作用之一是数据共享、节省内存空间而原型的另一个作用是为了实现继承。

（3）多态：一个对象有不同的行为，或者是同一个行为针对不同的对象可以产生不同的结果。要想有多态就要先有继承。JS 中可以模拟多态，但是不会去使用，也不会模拟。

7.8.1 原型实现继承

我们通过一个示例来讲解如何通过原型来实现继承。陈胜、李自成都是“人”，他们有共同的特征和行为，特征对应到 JS 中的属性，行为对应到 JS 中的方法。人是一个分类，对应到 JS 中的构造函数，陈胜是“人”这个分类下面的一个实体，对应到 JS 中的一个实体对象。

```
function Person(name, motto) {
        this.name = name;
        this.motto = motto;
}
Person.prototype.eat = function() {
        console.log('饭还是要吃的');
};
function Farmer(job) {
        this.job = job;
}
Farmer.prototype = new Person('陈胜', '王侯将相宁有种乎？');
      Farmer.prototype.doWork = function() {
        console.log(this.name + '是个' + this.job + '，他揭竿而起，高呼：
' + this.motto);
};
var far = new Farmer('农民');
far.doWork();
far.eat();
```

运行结果如图 7-14 所示。

```
陈胜是个农民，他揭竿而起，高呼：王侯将相宁有种乎？
毕竟，饭还是要吃的
```

图 7-14

在上面的示例中，通过将 Farmer 的原型（prototype）指向一个 Person 对象实例，far 对象继承了 Person 对象的 name、motto 属性和 eat 方法。

7.8.2　构造函数实现继承

上一节示例代码中存在什么问题？为了实现数据共享，通过改变原型指向实现了继承。这样做带来了一个缺陷：改变原型指向来实现继承直接初始化了属性，继承过来的属性值都是一样的。如果想要改变这些继承过来的属性，就只能重新调用对象的属性进行重新赋值。继续添加如下代码：

```
var far2 = new Farmer('个体户');
far2.doWork();
far2.eat();
```

运行结果如图 7-15 所示。

陈胜是个个体户，他揭竿而起，高呼：王侯将相宁有种乎？
毕竟，饭还是要吃的

图 7-15

如果 name、motto 属性不需要继承过来，就需要给对象的属性重新进行赋值，代码如下：

```
var far2 = new Farmer('农民');
far2.name = '李自成';
far2.motto = '吃闯王，喝闯王，闯王来了不纳粮!';
far2.doWork();
far2.eat();
```

运行结果如图 7-16 所示。

李自成是个农民，他揭竿而起，高呼：吃闯王，喝闯王，闯王来了不纳粮！
毕竟，饭还是要吃的

图 7-16

如果这些属性不需要继承，那么：

```
Farmer.prototype = new Person('陈胜', '王侯将相宁有种乎？');
```

这里指向 Person 对象的时候，属性参数就没有初始化的必要了。这样一来，虽然方法可以继承过来，但是属性参数无法继承。

有什么办法可以解决属性无法继承的问题呢？继承的时候不改变原型的指向，而是通过直接调用父级构造函数的方式来为属性赋值。

调用构造函数的格式如下：

```
构造函数名字.call(当前对象,属性,属性,属性....);
```

代码如下：

```
function Person(name, motto) {
        this.name = name;
        this.motto = motto;
```

```
}
Person.prototype.eat = function() {
        console.log('毕竟，饭还是要吃的');
};
function Farmer(job, name, motto) {
        Person.call(this, name, motto);
        this.job = job;
}
Farmer.prototype.doWork = function() {
        console.log(
          this.name + '是个' + this.job + '，他揭竿而起，高呼：' + this.motto
        );
};
var far = new Farmer('农民', '陈胜', '王侯将相宁有种乎？');
far.doWork();
far.eat();
```

运行结果如图 7-17 所示。

陈胜是个农民，他揭竿而起，高呼：王侯将相宁有种乎？
▶Uncaught TypeError: far.eat is not a function
at 15.构造函数实现继承.html:29

图 7-17

我们发现属性继承过来了，但是新的问题又出现了：父级类别中的方法不能继承。

7.8.3 组合继承

为了既能解决属性问题，又能解决方法问题，组合继承（原型继承+调用构造函数继承）出现了。我们继续对代码进行改造：

```
 function Person(name, motto) {
        this.name = name;
        this.motto = motto;
}
Person.prototype.eat = function() {
        console.log('毕竟，饭还是要吃的');
};
function Farmer(job, name, motto) {
        Person.call(this, name, motto);
        this.job = job;
}
Farmer.prototype = new Person(); //不传参数
Farmer.prototype.doWork = function() {
        console.log(
          this.name + '是个' + this.job + '，他揭竿而起，高呼：' + this.motto
        );
```

```
            //console.log(`${this.name} 是个${this.job}，他揭竿而起，高呼：
${this.motto}`); //ES6 语法
    };
    var far = new Farmer('农民', '陈胜', '王侯将相宁有种乎？');
    far.doWork();
    far.eat();

    var far2 = new Farmer(
            '农民',
            '李自成',
            '吃闯王，喝闯王，闯王来了不纳粮!'
    );
    far2.doWork();
    far2.eat();
```

运行结果如图 7-18 所示。

陈胜是个农民，他揭竿而起，高呼：王侯将相宁有种乎？
毕竟，饭还是要吃的
李自成是个农民，他揭竿而起，高呼：吃闯王，喝闯王，闯王来了不纳粮！
毕竟，饭还是要吃的

图 7-18

7.8.4　拷贝继承

把对象中需要共享的属性或者方法以直接遍历的方式复制到另一个对象中就是拷贝继承。

改变地址指向的方式：

```
    var baseObj = {
            name: '金世遗',
            nickname: '毒手疯丐',
            weapons: '拐剑',
            say: function() {
              console.log(
                '人间白眼曾经惯，留得余生又若何？欲上青天摘星斗，填平东海不扬波！'
              );
            }
    };
    var sonObj = baseObj; //改变了地址的指向
    console.log(sonObj);
```

只是在栈上新增了一个地址引用，并没有在堆中重新分配内存空间，如图 7-19 所示。

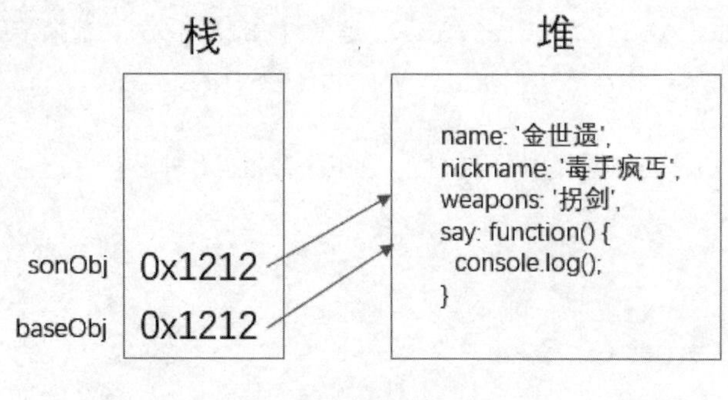

图 7-19

浅拷贝的方式：

```
var sonObj = {};
      for (var key in baseObj) {
        sonObj[key] = baseObj[key];
}
```

浅拷贝自定义构造函数：

```
function Person() {}
Person.prototype = {
        constructor: Person,
        name: '金世遗',
        nickname: '毒手疯丐',
        weapons: '拐剑',
        say: function() {
          console.log('剑拐纵横来复去，昂头天外自高歌！');
        }
};
var per = {};
for (var key in Person.prototype) {
        per[key] = Person.prototype[key];
}
console.dir(per);
per.say();
```

浅拷贝会在堆上重新分配内存空间，如图 7-20 所示。

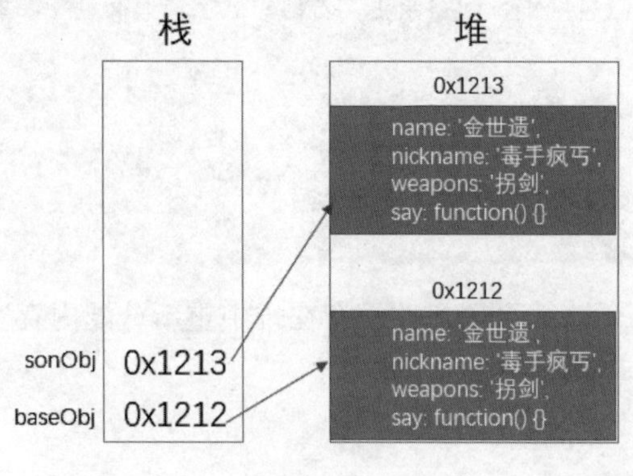

图 7-20

第 8 章

函数进阶和其他

本章主要讲解函数的一些高级用法和 JavaScript 垃圾回收机制。通过本章的学习，你将掌握：

- 函数的定义和调用
- 作用域和作用域链
- 闭包、沙箱、递归
- 深浅拷贝
- JavaScript 垃圾回收机制

8.1 函数的定义方式

函数的定义方式有以下三种。

（1）函数声明

```
//函数式声明
fun1(); //正常
function fun1(){
        console.log('运行函数 fun1')
}
fun1();//调用方法
```

（2）函数表达式

```
func2();//报错
var fun2=function(){
            console.log('运行函数 fun2')
}
fun2();//调用方法
```

函数声明与函数表达式的区别是：

- 函数声明必须有名字。
- 函数声明会进行函数提升，它在预解析阶段就已创建，所以声明前后都可以调用。
- 函数表达式类似于变量赋值。

- 函数表达式可以没有名字，例如匿名函数。
- 函数表达式没有变量提升，在执行阶段创建，必须在表达式执行之后才可以调用。

（3）new Function()

这种方式使用的很少，只需要了解即可。使用 Function() 构造函数可以快速生成函数，具体用法如下：

```
var funName = new Function(p1, p2, ..., pn, body);
```

Function() 的参数类型都是字符串，p1~pn 表示所创建函数的参数名称列表，最后一个参数 body 表示所创建函数的函数结构体语句，在 body 语句之间以分号分隔。其调用方式和函数表达式一样。

示例 1：省略所有参数，仅传递一个字符串，用来表示函数体。

```
var sumFunc = new Function('x', 'y', 'return x+y');
console.log(sumFunc(1, 1)); //2
```

示例 2：使用 Function() 构造函数不指定任何参数，创建一个空函数结构体。

```
var f = new Function(); //定义空函数
```

示例 3：在 Function() 构造函数参数中，p1~pn 是参数名称的列表，即 p1 不仅能代表一个参数，还可以是一个逗号隔开的参数列表。下面的定义方法是等价的。

```
var f1 = new Function('num1', 'num2', 'num3', 'return num1+num2+num3');
var f2 = new Function('num1,num2, num3', 'return  num1+num2+num3');
var f3 = new Function('num1,num2', 'num3', 'return  num1+num2+num3');
```

8.2 函数的调用方式

函数的调用方式有以下几种：

- 普通函数
- 构造函数
- 对象方法
- 上下文模式（apply、call、bind）

8.2.1 函数内 this 指向的不同场景

函数的调用方式决定了 this 的指向（见表 8-1），也就是说 this 是由调用者决定的。

表 8-1　函数中 this 的指向

调用方式	非严格模式	备注
普通函数调用	window	严格模式下是 undefined
构造函数调用	实例对象	原型方法中 this 也是实例对象
对象方法调用	该方法所属对象	紧挨着的对象
定时器函数	window	
事件绑定方法	绑定事件对象	

this 在各种调用方式下的示例代码：

```
<input id="btn" type="button" value="按钮" />
<script>
      //1.普通函数
      function f1() {
        console.log('普通函数:', this);
      }
      f1();
      //2.构造函数
      function Person() {
        console.log('构造函数:', this);
        //3.对象方法
        this.say = function() {
          console.log('对象的方法:', this);
        };
      }
      var per = new Person();
      per.say();
      //4.定时器函数
      setTimeout(function() {
        console.log('定时器:', this);
      }, 100);
      // 5.事件绑定方法
      var btn = document.getElementById('btn');
      btn.onclick = function() {
        console.log('事件绑定方法: ', this);
      };
      btn.click();
</script>
```

最终运行结果如图 8-1 所示。

```
普通函数: ▶Window {parent: Window, opener: null, top: Window, length: 0, frames: Window, …}
构造函数: ▶Person {}
对象的方法: ▶Person {say: f}
事件绑定方法:    <input id="btn" type="button" value="按钮">
定时器: ▶Window {parent: Window, opener: null, top: Window, length: 0, frames: Window, …}
```

图 8-1

BOM 中顶级对象是 Window，浏览器中所有的东西都是 Window 的，比如定时器的调用就省略了 Window。

8.2.2 严格模式

ECMAScript 5 引入了严格模式的概念。严格模式为 JavaScript 定义了一种不同的解析与执行模型。在严格模式下，ECMAScript 3 中的一些确定的行为将得到处理，而且对某些不安全的操作也会抛出错误。要在整个脚本中启用严格模式，可以在顶部添加如下代码：

```
"use strict"
```

在函数内部的上方包含这条编译指示，也可以指定函数在严格模式下执行：

```
function doSomeThing() {
    'use strict'; // 函数体
}
```

严格模式和非严格模式的区别如表 8-2 所示。

表 8-2 严格模式和非严格模式的区别

严格模式	非严格模式
delete 运算符后跟随非法标识符（delete 不存在的标识符），会抛出语法错误	静默失败并返回 false
对象直接量中定义同名属性会抛出语法错误	不会报错
函数形参存在同名的，抛出错误	不会报错
不允许八进制整数直接量（如 023）	允许
arguments 对象是传入函数内实参列表的静态副本	arguments 对象里的元素和对应的实参是指向同一个值的引用
eval 和 arguments 当作关键字，它们不能被赋值和用作变量声明	可以
会限制对调用栈的检测能力，访问 arguments.callee.caller 会抛出异常	不会报错
变量必须先声明，直接给变量赋值，不会隐式创建全局变量，不能用 with	无限制
call 、apply 传入 null、 undefined 保持原样，不被转换为 window	会转换为 window

8.2.3　函数也是对象

函数是对象，而对象不一定是函数。有__proto__原型的一定是对象，有 prototype 原型的一定是函数，函数里面既有 prototype 又有__proto__，说明是函数也是对象。

我们定义一个方法，看一下结构：

```
function fun() {}
console.dir(fun);
```

运行结果如图 8-2 所示。

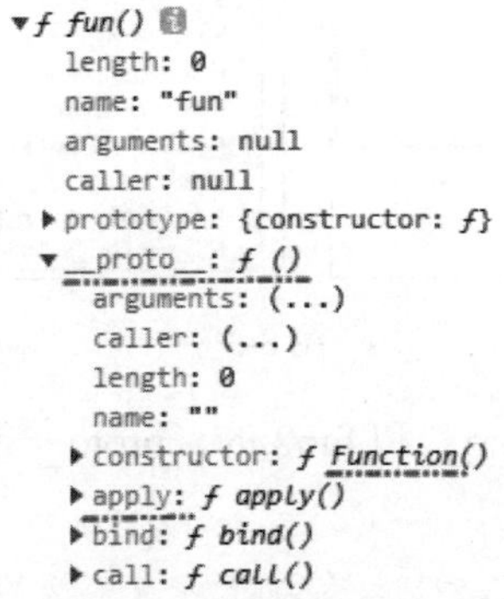

```
▼ƒ fun()
   length: 0
   name: "fun"
   arguments: null
   caller: null
  ▶prototype: {constructor: ƒ}
  ▼__proto__: ƒ ()
     arguments: (...)
     caller: (...)
     length: 0
     name: ""
   ▶constructor: ƒ Function()
   ▶apply: ƒ apply()
   ▶bind: ƒ bind()
   ▶call: ƒ call()
```

图 8-2

在函数 fun 中找到了__proto__原型，所以函数是对象。fun 的__proto__原型指向的是 apply，而它的 constructor（构造器）指向的是 Function。

结　论
所有函数实际上都是 Function 构造函数创建出来的实例对象。

我们再来看一段代码：

```
var fun1 = new Function('x', 'y', 'return x+y');
var fun2 = function(x, y) {
        return x + y;
};
console.log(fun1(1, 2), fun2(1, 2));
console.dir(fun1);
console.dir(fun2);
```

运行结果如图 8-3 所示。

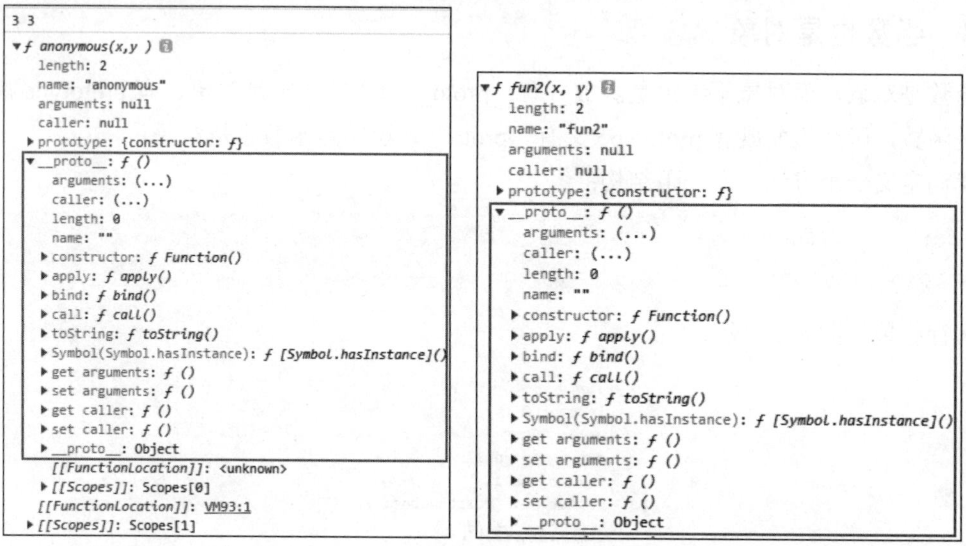

```
3 3
▼ƒ anonymous(x,y )
    length: 2
    name: "anonymous"
    arguments: null
    caller: null
  ▶prototype: {constructor: ƒ}
  ▼__proto__: ƒ ()
      arguments: (...)
      caller: (...)
      length: 0
      name: ""
    ▶constructor: ƒ Function()
    ▶apply: ƒ apply()
    ▶bind: ƒ bind()
    ▶call: ƒ call()
    ▶toString: ƒ toString()
    ▶Symbol(Symbol.hasInstance): ƒ [Symbol.hasInstance]()
    ▶get arguments: ƒ ()
    ▶set arguments: ƒ ()
    ▶get caller: ƒ ()
    ▶set caller: ƒ ()
    ▶__proto__: Object
      [[FunctionLocation]]: <unknown>
    ▶[[Scopes]]: Scopes[0]
    [[FunctionLocation]]: VM93:1
  ▶[[Scopes]]: Scopes[1]
```

```
▼ƒ fun2(x, y)
    length: 2
    name: "fun2"
    arguments: null
    caller: null
  ▶prototype: {constructor: ƒ}
  ▼__proto__: ƒ ()
      arguments: (...)
      caller: (...)
      length: 0
      name: ""
    ▶constructor: ƒ Function()
    ▶apply: ƒ apply()
    ▶bind: ƒ bind()
    ▶call: ƒ call()
    ▶toString: ƒ toString()
    ▶Symbol(Symbol.hasInstance): ƒ [Symbol.hasInstance]()
    ▶get arguments: ƒ ()
    ▶set arguments: ƒ ()
    ▶get caller: ƒ ()
    ▶set caller: ƒ ()
    ▶__proto__: Object
```

图 8-3

从图 8-3 可以看出 fun1 的__proto__和 fun2 的__proto__是一模一样的。我们也可以通过如下代码来做进一步的验证：

```
console.log(fun1.__proto__ == fun2.__proto__); //true
console.log(fun1.__proto__ == Function.prototype); //true
```

所有的对象最终都会指向 Object 的__proto__原型，Object 的__proto__为 null。

Math 对象不是函数，因为它没有 prototype 原型。

```
console.dir(Math); //有__proto__，但是没有 prototype
```

8.2.4 数组中函数的调用

数组可以存储任何类型的数据，包括函数。

```
var arr = [
        function() {
          console.log('天宝说：我命由我不由天');
        },
        function() {
          console.log('每个人都想成为君宝，最后却活成了天宝');
        }
      ];
      //回调函数：函数作为参数使用
      arr.forEach(function(ele) {
        ele();
});
```

对数组进行遍历的时候，可以把函数当成参数来使用。

8.2.5　apply 和 call 调用

apply 和 call 的作用是改变 this 的指向。

示例代码：

```
function say(name, msg) {
        console.log('清代' + name + '说：' + msg, this);
}
say('王夫之', '清风有意难留我,明月无心自照人'); //函数的调用
//apply 和 call 调用函数
say.apply();
say.call();
say.apply(null);
say.call(null);
```

运行结果如图 8-4 所示。

```
清代王夫之说：清风有意难留我,明月无心自照人 ▶Window {parent: Window, opener: null,
清代undefined说：undefined ▶Window {parent: Window, opener: null, top: Window,
清代undefined说：undefined ▶Window {parent: Window, opener: null, top: Window,
清代undefined说：undefined ▶Window {parent: Window, opener: null, top: Window,
清代undefined说：undefined ▶Window {parent: Window, opener: null, top: Window,
```

图 8-4

从图 8-4 中可以看到：apply 和 call 方法中如果没有传入参数，或者传入的是 null，那么调用该方法的函数对象中的 this 就是默认的 Window 对象。

apply 和 call 都可以让函数或者方法来调用，只是传入参数和函数自己调用的写法不一样，但是效果是一样的。代码如下：

```
say('王夫之', '清风有意难留我,明月无心自照人');
say.apply(null, ['王夫之', '清风有意难留我,明月无心自照人']);
say.call(null, '王夫之', '清风有意难留我,明月无心自照人');
```

运行结果如图 8-5 所示。

```
清代王夫之说：清风有意难留我,明月无心自照人 ▶Window {parent:
清代王夫之说：清风有意难留我,明月无心自照人 ▶Window {parent:
清代王夫之说：清风有意难留我,明月无心自照人 ▶Window {parent:
```

图 8-5

apply 的使用语法：

- 函数名字.apply(对象,[参数 1,参数 2,...]);
- 方法名字.apply(对象,[参数 1,参数 2,...]);

call 的使用语法：

- 函数名字.call(对象,参数 1,参数 2,...);
- 方法名字.call(对象,参数 1,参数 2,...);

apply 和 call 的作用都是为了改变 this 的指向，不同之处在于参数传递的方式不一样。

如果只想使用别的对象的方法，并且希望这个方法是当前对象的，那么可以使用 apply 或者是 call 方法改变 this 的指向。我们再来看一段代码：

```
function Person(name, msg) {
        this.name = name;
        this.msg = msg;
}
//通过原型添加方法
Person.prototype.say = function() {
        console.log('清代' + this.name + '说： ' + this.msg);
};
var per = new Person('王夫之', '清风有意难留我,明月无心自照人');
per.say();

console.log('--------------分割线----------------');
function Student(name, msg) {
        this.name = name;
        this.msg = msg;
}
var stu = new Student('顾炎武', '天下兴亡，匹夫有责');
per.say.apply(stu); //此时 say 中的 this 是 stu
per.say.call(stu);
```

运行结果如下：

```
清代王夫之说：清风有意难留我,明月无心自照人
--------------分割线-----------------
清代顾炎武说：天下兴亡，匹夫有责
清代顾炎武说：天下兴亡，匹夫有责
```

说　明
本来 say 函数是 per 对象的，传入 stu 之后，say 函数就是 stu 对象的了。

从上述代码中，我们可以看到 per.say 函数直接调用了 apply 和 call 方法，而函数也是一个对象，我们可以把 per.say 对象的结构打印出来：

```
console.dir(per.say);
```

运行结果如图 8-6 所示。

```
▼ƒ anonymous()
   length: 0
   name: ""
   arguments: null
   caller: null
  ▶prototype: {constructor: ƒ}
  ▼__proto__: ƒ ()
     arguments: (...)
     caller: (...)
     length: 0
     name: ""
    ▶constructor: ƒ Function()
    ▶apply: ƒ apply()
    ▶bind: ƒ bind()
    ▶call: ƒ call()
    ▶toString: ƒ toString()
```

图 8-6

从图 8-6 可以看出，虽然 per.say 对象中没有 call 和 apply 方法，但是它的__proto__原型上有，而它的构造器是 Function，per.say.__proto__==Function.prototype。

说　明
所有的函数最终都是 Function 的实例对象。

8.2.6　bind 方法

bind 方法是复制的意思，参数既可以在复制的时候传进去，也可以在复制之后调用的时候传进去。apply 和 call 是调用的时候改变 this 指向，而 bind 方法是复制一份的时候改变 this 的指向。

bind 方法使用的语法如下：

- 函数名字.bind(对象,参数 1,参数 2,...);//返回值是复制之后的这个函数
- 方法名字.bind(对象,参数 1,参数 2,...);//返回值是复制之后的这个方法

```
function Person(name, msg) {
        this.name = name;
        this.msg = msg;
}
//通过原型添加方法
Person.prototype.say = function(dynasty) {
        console.log(dynasty + this.name + '说：' + this.msg);
};
var per = new Person('王夫之', '清风有意难留我，明月无心自照人');
per.say('清代');

console.log('--------------分割线----------------');
function Student(name, msg) {
        this.name = name;
```

```
        this.msg = msg;
}
var stu = new Student('范仲淹', '先天下之忧而忧');
//复制一份，绑定时传参，此时 say 中的 this 是 stu
var fun = per.say.bind(stu, '北宋');
fun();
var fun2 = per.say.bind(stu);
fun2('北宋'); //调用时传参
```

运行结果如下：

```
清代王夫之说：清风有意难留我，明月无心自照人
--------------分割线----------------
北宋范仲淹说：先天下之忧而忧
北宋范仲淹说：先天下之忧而忧
```

8.2.7 call、apply 和 bind 的区别

（1）call 和 apply 特性一致，共同点如下：

- 都是用来调用函数的，而且是立即调用。
- 都可以在调用函数的同时通过第一个参数指定函数内部 this 的指向。
- call 调用的时候，参数必须以列表的形式进行传递，也就是以逗号分隔的方式依次传递。apply 调用的时候，参数必须是一个数组，然后在执行的时候将数组内部的元素一个一个拿出来，与形参一一对应地传递。
- 如果第一个参数指定了 null 或者 undefined，则内部 this 指向 window。

（2）bind：bind 可以用来指定内部 this 的指向，然后生成一个改变了 this 指向的新函数。它和 call、apply 最大的区别是：bind 不会调用。bind 支持传递参数，它的传参方式比较特殊，一共有两个位置可以传递：

- 在 bind 的同时，以参数列表的形式进行传递。
- 在调用的时候，以参数列表的形式进行传递。

bind 的时候传递的参数和调用的时候，传递的参数会合并到一起，传递到函数内部。

8.3 函数中自带的属性

在函数中，有一些属性是自带的，常用的有如下几个：

- name 属性：函数的名字，只读，不能修改。
- arguments 属性：实参的个数。
- length 属性：函数定义的时候形参的个数。

- caller 属性：函数的调用者。

```
function say(name, msg) {
        console.log(say.name); //函数的名字
        console.log(say.arguments.length); //实参的个数
        console.log(say.length); //形参的个数
        console.log(say.caller); //调用者
}
function sayHello() {
        say('张无忌', '他强由他强，清风拂山岗');
}
sayHello();
console.dir(say);
```

运行结果如图 8-7 所示。

```
say
2
2
ƒ sayHello() {
        say('张无忌', '他强由他强，清风拂山岗');
    }
▼ƒ say(name, msg)
    length: 2
    name: "say"
    arguments: null
    caller: null
  ▶prototype: {constructor: ƒ}
```

图 8-7

8.4 将函数作为参数使用

在一些高级语言（C#、Java）中，通过委托可以把函数当成参数进行传递，而 JS 中可以直接把函数作为参数传递。

```
function say(fn) {
        fn();//fn 当成一个函数来使用
}
//命名函数
function baseSay() {
        console.log('我就是我');
}
say(baseSay);
say(function() {
```

```
        console.log('匿名函数');
});
```

运行结果如下：

```
我就是我
匿名函数
```

注 意
函数作为参数的时候，如果是命名函数，那么只传入命名函数的名字，没有括号。

常用场景是在定时器中传入函数。

```
function show(fn) {
        setInterval(function() {
          fn();
        }, 1000);
}
// 匿名函数作为参数传入
show(function() {
        console.log(
          '以为拂高天之云翳，仰日月之光辉，拯民于水火之中，措天下于衽席之上'
        );
});
```

8.5 将函数作为返回值使用

函数可以直接当作返回值来使用：

```
function say(msg) {
        return function() {
          console.log('张昭曰：' + msg);
        };
}

var fun = say('管仲相桓公，霸诸侯，一匡天下');
fun();
```

运行结果如下：

```
张昭曰：管仲相桓公，霸诸侯，一匡天下
```

我们再来实现一个简单的跑马灯效果，演示函数作为返回值使用的场景：

```
<div id="div"></div>
```

```
//跑马灯，产生了闭包（后面会讲）
 function marquee(msg) {
   var txt = msg;
   setInterval(() => {
     txt = f1(txt); //函数当成返回值
     document.getElementById('div').innerText = txt;
   }, 500);
 }
 function f1(msg) {
   //获取到头的第一个字符
   var start = msg.substring(0, 1);
   //获取到后面的所有字符
   var end = msg.substring(1);
   //重新拼接得到新的字符串并返回
   return end + start;
 }
marquee('不要问我从哪里来');
```

8.6 作用域和作用域链

1. 作用域

在 JS 中，变量分为局部变量和全局变量。作用域就是变量的使用范围，在 JS 中分为局部作用域和全局作用域。JS 中没有块级作用域（一对括号中定义变量，这个变量只可以在大括号里面使用，ES6 之后才有）。

注　意
函数中定义的变量是局部变量。

示例代码：

```
if (true) {
        var name = '毛泽东';
}
console.log(name); // 毛泽东
function fun() {
        var verse = '惜秦皇汉武，略输文采；';
}
console.log(verse); // verse is not defined
```

2. 作用域链

变量的使用，从里向外，逐层搜索，搜索到了就可以直接使用。如果搜索到 0 级作用域的时候还是没有找到这个变量，就会报错。

示例代码：

```
var num = 10; //作用域链 级别:0
var str = 'abc';
function f1() {
        var num = 20; //作用域链 级别:1
        function f2() {
          var num = 30; //作用域链 级别:2
          console.log(num);
        }
        f2();
}
f1(); //30
```

内层作用域可以访问外层作用域，反之则不行。

3. 预解析

在浏览器解析代码之前，把变量的声明和函数的声明提前（提升）到该作用域的最上面。

示例代码：

```
//变量的提升
//   console.log(age); //age is not defined
console.log(score); //undefined  变量的声明提升了，但是变量赋值没有提升
var score = 98;
//函数的声明被提前了
fun1();
function fun1() {
        console.log('唐宗宋祖，稍逊风骚.');
}
var fun2;
//   fun2(); //fun2 is not a function
fun2 = function() {
        console.log('一代天骄，成吉思汗，只识弯弓射大雕.');
};
fun2();
```

我们可以看到变量和函数的声明通过预解析可以提升到最上面，但是变量和函数对象的赋值没有提升。

8.7 闭包

1. 什么是闭包

闭包就是能够读取其他函数内部变量的函数，由于在 JavaScript 语言中只有函数内部的子函数才能读取局部变量，因此可以把闭包简单理解成“定义在一个函数内部的函数”。所以，在本质上，闭包就是将函数内部和函数外部连接起来的一座桥梁。

2. 闭包的用途

- 可以在函数外部读取函数内部成员。
- 让函数内成员始终存活在内存中，从而缓存数据，延长作用域链。

3. 闭包的模式

- 函数模式的闭包。
- 对象模式的闭包。

在函数 a 中，有一个函数 b，函数 b 中可以访问函数 a 中定义的变量或者是数据，此时形成了闭包。

函数模式的闭包：函数中有一个函数。

```
function a() {
        var num = 1;
        //函数的声明
        function b() {
          console.log(num);
        }
        //函数调用
        b();
}
a();//1
```

对象模式的闭包：函数中有一个对象。

```
function say() {
        var name = '武圣人于和';
        var obj = {
          name: name
        };
        console.log(obj.name); //武圣人于和
}
say();//武圣人于和
```

再来看一个示例：

```
//普通函数
function autoAdd() {
        var num = 1;
        num++;
        return num;
}
console.log(autoAdd()); //2
console.log(autoAdd()); //2
console.log(autoAdd()); //2
//函数模式的闭包
function autoAdd2() {
        var num = 1;
        return function() {
          num++;
          return num;
        };
}
var fun = autoAdd2();
console.log('---------分割线---------');
console.log(fun()); //2
console.log(fun()); //3
console.log(fun()); //4
```

总结：如果想要缓存数据，就把这个数据放在外层函数和里层函数的中间位置。闭包可以缓存数据，既是优点也是缺陷，它会导致内存无法及时释放。局部变量存放在函数中，函数使用结束后，局部变量就会被自动释放，闭包后，里面的局部变量作用域链会被延长。

8.8 沙箱模式

沙箱模式（Sandbox Pattern）创建了一个“沙箱”，沙箱可以理解为一个黑盒，我们不管在里面做什么都不会影响到外面。在 JavaScript 中，在沙箱中的操作被限死在当前作用域，不会对其他模块和个人沙箱造成任何影响。就好比在一个虚拟的环境中模拟真实世界做实验，实验结果和真实世界的结果是一样的，但是不会影响真实世界。

JavaScript 中处理模块依赖关系的闭包称为沙箱。

```
//沙箱——小环境 1：函数自调用
 (function () {
            var num = 10;
            console.log(num); //10
})();
//沙箱——小环境 2
```

```
 (function () {
            var num = 20;
            console.log(num + 10);
})());
```

运行结果：

```
10
20
```

注　意

如果在 VS Code 中使用了 Prettier 代码格式化插件，就会自动将“小环境 2”的代码格式化为函数自调用的方式。

8.9 递　归

递归就是函数自己调用自己，并且递归一定要有一个结束条件，否则就是无限循环——至死不休。常见的算法面试题：求 N 个数字的和、求斐波那契数列。

```
// 求 n 个数字的和(n 等于 3 时，结果=3+2+1)
function getSum(n) {
        if (n == 1) {
          return 1;
        }
        return n + getSum(n - 1);
}
//函数的调用：n=10
console.log(getSum(3)); //6
```

在自己调用自己的过程中，变化的是实参的值，不变的是函数名。

代码执行过程：执行代码 getSum(3)，开始进入函数，此时 n=3，运行结果是 3+getSum(2)；执行 getSum(2)，进入函数，此时 n=2，getSum(2)的执行结果是 2+getSum(1)；执行 getSum(1)，此时 n=1，n=1 时直接返回值 1，表示 getSum(1)的执行结果为 1，并跳出函数。

getSum(3)=3+2+1，运行结果是 6。

斐波那契数列为 1、1、2、3、5、8、13、21、34、......，假设求第 10 个数是多少，代码如下：

```
// 斐波那契数列
function getFib(n) {
        if (n == 1 || n == 2) {
          return 1;
        }
```

```
        return getFib(n - 1) + getFib(n - 2);
}
//求第 10 个数是多少
console.log(getFib(10)); //55
```

工作中递归的常用场景是——菜单树、深拷贝、遍历DOM树。

8.10 浅拷贝和深拷贝

拷贝就是复制，相当于把一个对象中的所有内容复制一份给另一个对象。

1. 浅拷贝

直接复制，或者说把一个对象的地址给了另一个对象，它们指向相同，两个对象之间有共同的属性或者方法可以使用。

示例代码：

```
var baseObj = {
        name: '毛泽东',
        msg: '俱往矣，数风流人物，还看今朝',
        school: '湖南第一师范',
        doWork: function() {
          console.log('解放全中国');
      }
};
//把 obj1 对象中的所有属性复制到对象 obj2 中
function lightCopy(obj1, obj2) {
        for (var key in obj1) {
          obj2[key] = obj1[key];
        }
}
var newObj = {};
lightCopy(baseObj, newObj);
console.log(baseObj);
console.log(newObj);
```

运行结果如图 8-8 所示。

```
▼Object
    name: "毛泽东"
    msg: "俱往矣，数风流人物，还看今朝"
    school: "湖南第一师范"
  ▶doWork: ƒ ()
  ▶__proto__: Object
▼Object
    name: "毛泽东"
    msg: "俱往矣，数风流人物，还看今朝"
    school: "湖南第一师范"
  ▶doWork: ƒ ()
```

图 8-8

我们看到两个对象都具有了相同的属性。

2. 深拷贝

把一个对象中所有的属性或者方法一个一个地找到，并且在另一个对象中开辟相应的空间，一个一个地存储到另一个对象中。

浅拷贝会存在一些问题，我们来看一段示例代码：

```
var baseObj = {
        name: '王树涛',
        nickname: '隔壁老王',
        school: '湖南第一师范',
        doWork: function() {
          console.log('去邻居家打麻将');
        },
        girlFriend: ['小红', '小芳'],
        dog: {
          name: '二哈',
          color: '灰色'
        }
};
//把 obj1 对象中的所有数据拷贝到对象 obj2 中
function deepCopy(obj1, obj2) {
        for (var key in obj1) {
          obj2[key] = obj1[key];
        }
}
var newObj = {};
deepCopy(baseObj, newObj);
newObj.dog.name = '小黄'; //修改新对象中引用类型的属性值
console.log(baseObj);
console.log(newObj);
```

运行结果如图 8-9 所示。

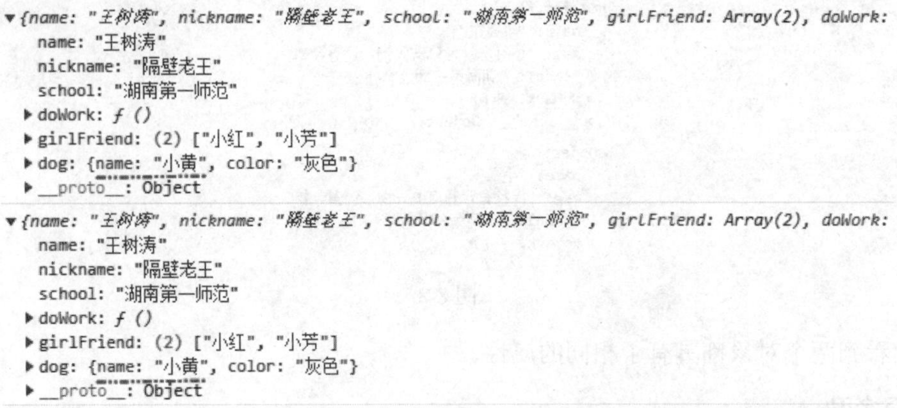

```
▼{name: "王树涛", nickname: "隔壁老王", school: "湖南第一师范", girlFriend: Array(2), doWork:
   name: "王树涛"
   nickname: "隔壁老王"
   school: "湖南第一师范"
  ▶doWork: ƒ ()
  ▶girlFriend: (2) ["小红", "小芳"]
  ▶dog: {name: "小黄", color: "灰色"}
  ▶__proto__: Object
▼{name: "王树涛", nickname: "隔壁老王", school: "湖南第一师范", girlFriend: Array(2), doWork:
   name: "王树涛"
   nickname: "隔壁老王"
   school: "湖南第一师范"
  ▶doWork: ƒ ()
  ▶girlFriend: (2) ["小红", "小芳"]
  ▶dog: {name: "小黄", color: "灰色"}
  ▶__proto__: Object
```

图 8-9

采用浅拷贝，当我们修改了对象中引用类型的属性时，原对象和所有通过浅拷贝复制的对象中的应用类型属性值都会发生改变，因为它们都指向堆上相同的地址，并没有重新分配新的内存空间。

接下来，我们修改 deepCopy 方法的实现：

```
function deepCopy(obj1, obj2) {
        for (var key in obj1) {
          var item = obj1[key];
          if (item instanceof Array) {
            obj2[key] = [];
            deepCopy(item, obj2[key]);
          } else if (item instanceof Object) {
            obj2[key] = {};
            deepCopy(item, obj2[key]);
          } else {
            obj2[key] = item;
          }
        }
}
```

代码分析：依次遍历 obj1 对象中每个属性的值，判断这个属性的值是不是数组。

- 如果值是数组，那么在 obj2 对象中添加一个新的属性，并且这个属性值也是数组。递归调用这个方法，把 obj1 对象中这个数组的属性值一个一个地复制到 obj2 对象的这个数组属性中。
- 如果值是对象类型的，那么在 obj2 对象中添加一个属性，它是一个空对象，再次递归调用这个函数，把 obj1 对象中的属性对象值一个一个地复制到 obj2 对象的属性对象中。
- 如果值是普通的数据，则直接复制到 obj2 对象的这个属性中。

重新运行代码，最终效果如图 8-10 所示。

```
▼{name: "王树涛", nickname: "隔壁老王", school: "湖南第一师范", girlFriend: Array(2), doWork
   name: "王树涛"
   nickname: "隔壁老王"
   school: "湖南第一师范"
 ▶doWork: ƒ ()
 ▶girlFriend: (2) ["小红", "小芳"]
 ▶dog: {name: "二哈", color: "灰色"}
 ▶__proto__: Object
▼{name: "王树涛", nickname: "隔壁老王", school: "湖南第一师范", doWork: {…}, girlFriend: Arr
   name: "王树涛"
   nickname: "隔壁老王"
   school: "湖南第一师范"
 ▶doWork: {}
 ▶girlFriend: (2) ["小红", "小芳"]
 ▶dog: {name: "小黄", color: "灰色"}
 ▶__proto__: Object
```

图 8-10

8.11 递归案例

8.11.1 遍历 DOM 树

示例代码：

```
<!DOCTYPE html>
<html lang="en">
  <head>
    <meta charset="UTF-8" />
    <meta name="viewport" content="width=device-width,initial-scale=1.0"/>
    <title>Document</title>
  </head>
  <body>
    <h3>饮马长城窟行</h3>
    <div>
      <p>青青河畔草，绵绵思远道。</p>
      远道不可思，宿昔梦见之。
    </div>
    <script>
      var root = document.documentElement; //获取页面中的根节点
      function forDOM(root) {
        console.log('节点的名字:' + root.nodeName);
        var children = root.children;
        forChild(children);
      }
      //传入根节点的子节点，把这些子节点中的所有子节点显示出来
      function forChild(node) {
```

```
        for (var i = 0; i < node.length; i++) {
          node[i].children && forDOM(node[i]);
        }
      }
      forDOM(root);
    </script>
  </body>
</html>
```

运行结果如图 8-11 所示。

```
节点的名字:HTML
节点的名字:HEAD
节点的名字:META
节点的名字:TITLE
节点的名字:BODY
节点的名字:H3
节点的名字:DIV
节点的名字:P
节点的名字:SCRIPT
```

图 8-11

8.11.2 生成菜单导航

为了能够有更好的展示效果，示例中引入了 bootstrap，而 bootstrap.js 依赖 jquery.js，所以 bootstrap.js 要在 jquery 脚本引入之后再引入。考虑到浏览器解析代码是按照从上至下的顺序进行解析，为了界面渲染的性能，通常将 css 样式文件的引入放到 head 标签之中，而 JS 脚本的引入放到 body 标签的最后面。

代码如下：

```
<!-- 最新版本的 bootstrap 核心 CSS 文件 -->
<link rel="stylesheet" href="css/bootstrap.min.css" />
</head>
<body>
    <nav class="navbar navbar-default" role="navigation">
      <div class="navbar-header">
        <button
          type="button"
          class="navbar-toggle"
          data-toggle="collapse"
          data-target="#menu"
        >
          <span class="sr-only">展开导航</span>
          <span class="icon-bar"></span>
          <span class="icon-bar"></span>
```

```
        <span class="icon-bar"></span>
      </button>
      <a class="navbar-brand" href="#">编程网</a>
    </div>
    <div class="collapse navbar-collapse">
      <ul class="nav navbar-nav" id="nav">
<!-- 动态填充菜单树 -->
      </ul>
    </div>
  </nav>
<script src="scripts/jquery.min.js" type="text/javascript"></script>
<script src="scripts/bootstrap.min.js"></script>
<script>
    //菜单数据结构
    var menusArr = [
      { name: '首页', url: '#' },
      { name: 'Java', url: '#' },
      { name: 'PHP', url: '#' },
      {
        name: '数据库',
        url: '#',
        children: [
          { name: 'Mysql', url: '#', divider: true },
          { name: 'Mongodb', url: '#', divider: true }
        ]
      }
    ];
    var root = document.getElementById('nav');
    var strHTML = '';
    function getHTML(menus) {
      for (var menu of menus) {
        if (menu.children) {
          strHTML +=
            ' <li class="dropdown"> <a href="' +
            menu.url +
            '" class="dropdown-toggle" data-toggle="dropdown">' +
            menu.name +
            '<b class="caret"></b></a>';
          strHTML += '<ul class="dropdown-menu">';
          getHTML(menu.children);
          strHTML += '</ul></li>';
        } else {
          strHTML +=
```

```
            '<li><a href="' + menu.url + '">' + menu.name + '</a></li>';
          if (menu.divider) {
            strHTML += ' <li class="divider"></li>';
          }
        }
      }
    }
    function initMenu() {
      getHTML(menusArr);
      console.log(strHTML);
      root.innerHTML = strHTML;
    }
    initMenu();
</script>
</body>
```

运行结果如图 8-12 所示。

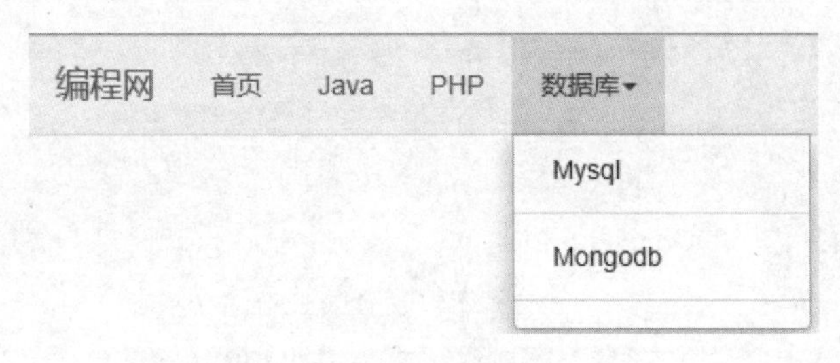

图 8-12

8.12 伪数组和数组

1. 伪数组

伪数组是一个对象，具有 length 属性，其他属性（索引）为非负整数对象中的索引会被当作字符串来处理，这里可以当作非负整数串来理解，不具有数组的方法。伪数组类似于 C#中的字典。

伪数组示例代码：

```
//伪数组（对象）
var obj = {
        0: '刘备',
        1: '关羽',
        2: '张飞',
        length: 3
};
```

```
console.log(obj[0]); //刘备
console.log(obj[1]); //关羽
console.log(obj.length); //3
       //遍历伪数组（对象）
       for (var i = 0; i < obj.length; i++) {
         console.log(obj[i]);
}
```

伪数组增加属性，不会修改 length 属性，我们可以通过 call 来使用数组中的方法，代码如下：

```
[].push.call(obj, '赵云');
console.log(obj.length); //4
```

常见的伪数组有两种：

- 函数内部的 arguments。
- DOM 对象列表（document.getElementsByTags）。

函数内部的 arguments 示例代码如下：

```
function fun(name, age) {
        console.log(arguments);
}
fun('马超', 30);
```

运行结果如图 8-13 所示。

```
▼Arguments(2) ["马超", 30, callee: ƒ, Sy
   0: "马超"
   1: 30
   length: 2
  ▶callee: ƒ fun(name, age)
  ▶Symbol(Symbol.iterator): ƒ values()
  ▶__proto__: Object
```

图 8-13

arguments 的__proto__是 Object，所以它是一个对象，有一个 length 属性，并且其他属性是从 0 开始的正整数，说明它是一个伪函数。

2. 数组

数组取值是根据索引进行的，而对象是根据键值对进行取值的。对象没有数组的特性（索引），并且 obj 没有保存属性 length，也就是未定义（undefined）。对于数组来讲，length 是数组的内置属性，数组根据索引长度来更改 length。

数组示例代码：

```
//数组
var arr = ['刘备', '关羽', '张飞'];
```

```
console.log(arr[0]); //刘备
console.log(arr[1]); //关羽
//遍历数组
for (var i = 0; i < arr.length; i++) {
        console.log(arr[i]);
}
```

3. 伪数组和数组的区别

- 对象没有数组的 Array.prototype 属性值，类型是 Object，而数组类型是 Array。
- 数组是索引，伪数组（对象）是键值对。
- 使用对象可以创建伪数组，伪数组可以正常使用数组的大部分方法。

8.13 JavaScript 垃圾回收机制

JavaScript 和一些高级编程语言（如 C#）一样自带一套内存管理引擎，负责创建对象、销毁对象，以及垃圾回收。

垃圾回收机制主要是由一个叫垃圾收集器（Garbage Collector，GC）的后台进程负责监控、清理对象，并及时回收空闲内存。

JavaScript 内存管理于我们来说是自动的、不可见的。我们创建的原始类型、对象、函数等都会占用内存。

8.13.1 可访问性

GC 最主要的职责是监控数据的可访问性（reachability）。哪些数据有所谓的可访问性呢？所有显示调用的对象包括全局对象、正被调用的函数的局部变量和参数、相关嵌套函数里的变量和参数、引擎内部调用的一些变量、所有从根引用或引用链访问的对象。

假设有一个对象存在于局部变量，它的值引用了另一个对象，如果这个对象是可访问的，那么它引用的对象也是可访问的。

JavaScript 引擎有一个垃圾回收后台进程，监控着所有对象，当对象不可访问时会将其删除。

8.13.2 一个简单的示例

```
// user 引用了一个对象
var user = {
    name: 'John'
};
```

这个代码示意如图 8-14 所示。

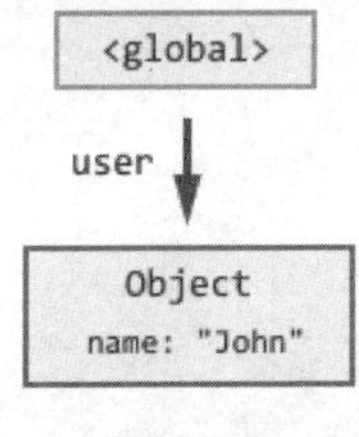

图 8-14

箭头代表的是对象引用。全局变量"user"引用了对象{name: "John"}（简称此对象为 John）。John 的"name"属性储存的是一个原始值，所以无其他引用。

如果覆盖 user，对 John 的引用就丢失了（见图 8-15）：

```
user = null;
```

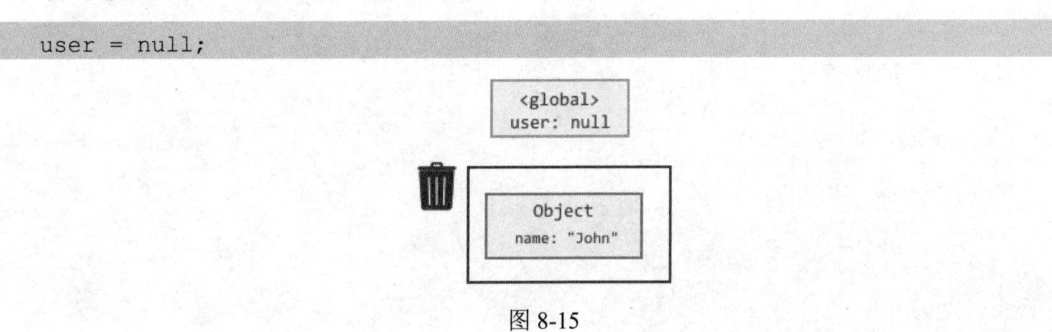

图 8-15

现在 John 变得不可触及，垃圾回收机制会将其删除并释放内存。

8.13.3　两个引用

如果我们将全局对象 user 复制引用到 admin（见图 8-16）：

```
var user = {
    name: 'John'
};
user = null;
var admin = user;
```

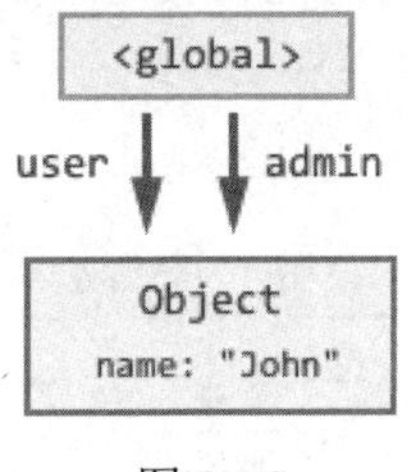

图 8-16

重复一次操作：

```
user = null;
```

这个对象依然可以通过 admin 访问，所以它依然存在于内存中。如果我们把 admin 也覆盖为 null，那么它就会被删除。

8.13.4 相互引用的对象

这个例子比较复杂：

```
function marry(man, woman) {
        woman.husband = man;
        man.wife = woman;

        return {
          father: man,
          mother: woman
        };
      }
      var family = marry(
        {
          name: 'John'
        },
        {
          name: 'Ann'
        }
);
```

marry 函数让两个参数对象互相引用，返回一个包含两者的新对象，结构如图 8-17 所示。

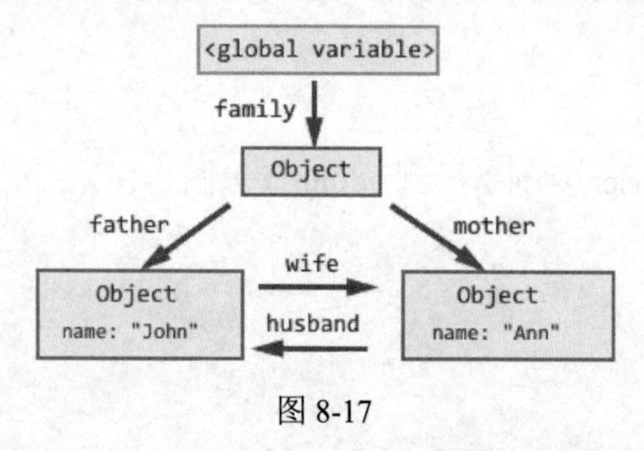

图 8-17

暂时所有对象都是可触及的，但我们现在决定移除两个引用（见图 8-18）：

```
delete family.father;
delete family.mother.husband;
```

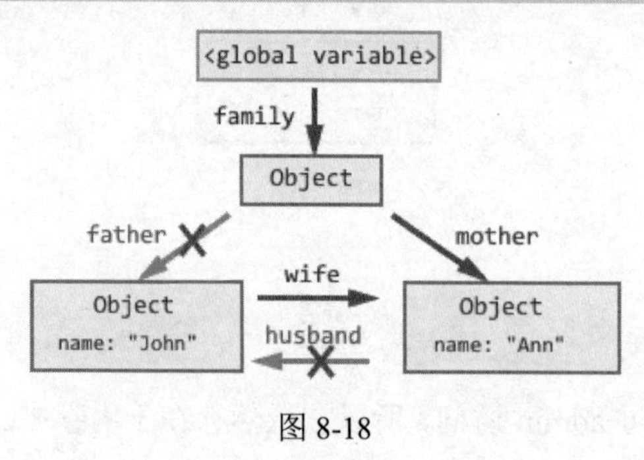

图 8-18

只删除一个引用不会有什么影响，同时删除两个引用时，John 就不被任何对象引用了，如图 8-19 所示。

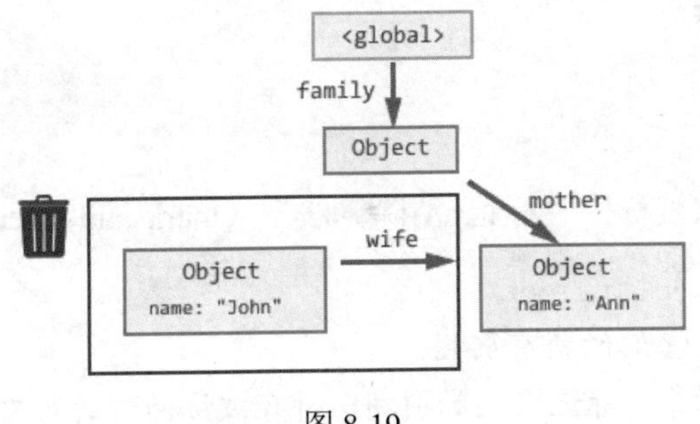

图 8-19

即使 John 还在引用别人，但是它不被别人引用，所以 John 已经不可触及，将会被移除。垃圾回收后的效果如图 8-20 所示。

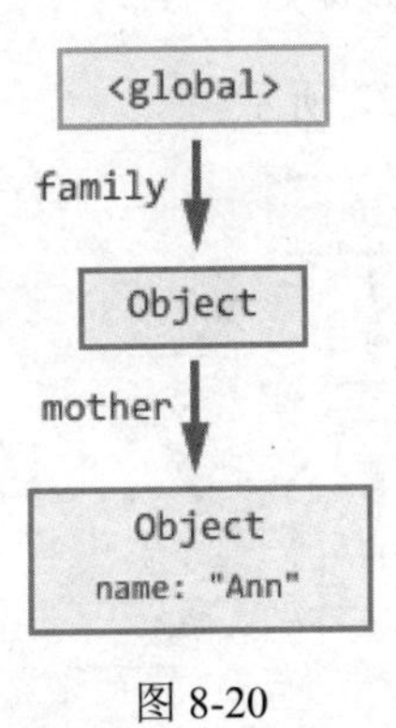

图 8-20

8.13.5　孤岛

一大堆互相引用的对象整块（像个孤岛）都不可触及了，进行以下操作：

```
family = null
```

内存中的情况将如图 8-21 所示。

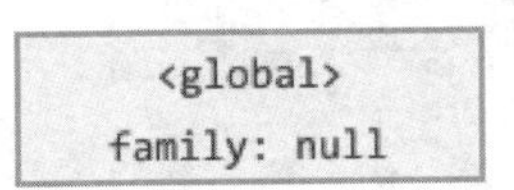

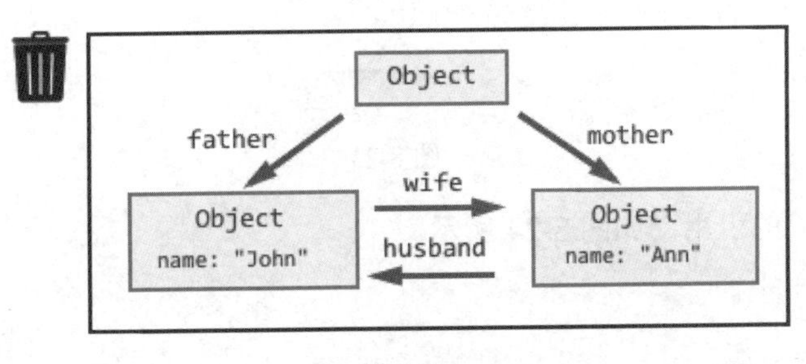

图 8-21

这个例子展示了“可触及”这个概念的重要性。尽管 John 和 Ann 互相依赖，但是仍不足够。"family"对象已经整个切断了与 root 的连接，没有任何东西引用到这里，所以这个孤岛遥不可及，只能等待被清除。

8.13.6 内部算法

基础的垃圾回收算法被称为“标记-清除算法”（mark-and-sweep）：

- 垃圾回收器获取并标记 root。
- 访问并标记来自它们的所有引用。
- 访问被标记的对象，标记它们的引用。所有被访问过的对象都会被记录，以后将不会重复访问同一对象。
- 直到只剩下未访问的引用。
- 所有未被标记的对象都会被移除。

举个例子，假设对象结构如图 8-22 所示。

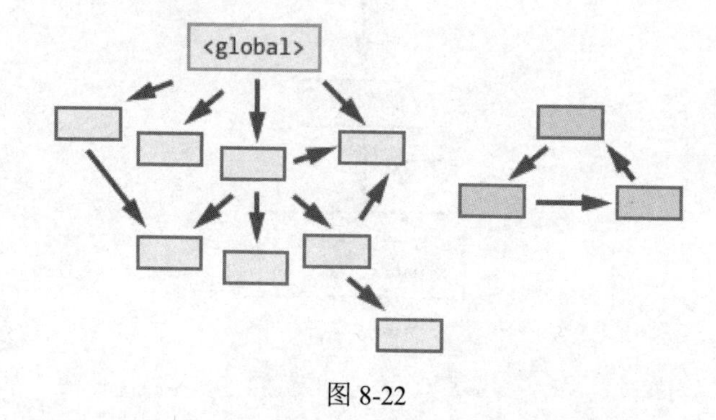

图 8-22

很明显，右侧有一个“孤岛”，现在使用“标记-清除”的方法处理它。
首先，标记 root，如图 8-23 所示。

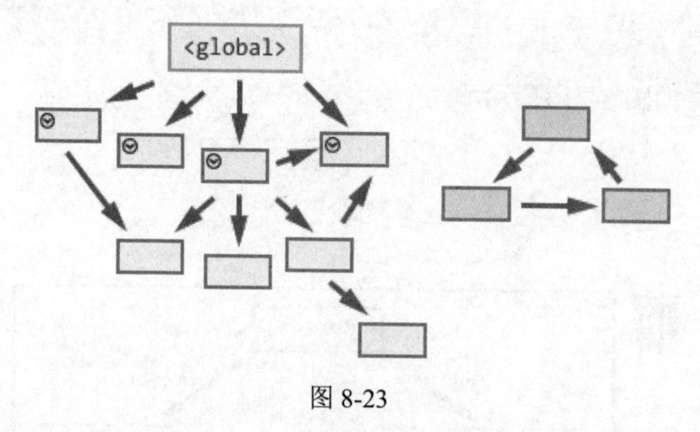

图 8-23

然后，标记它们的引用，如图 8-24 所示。

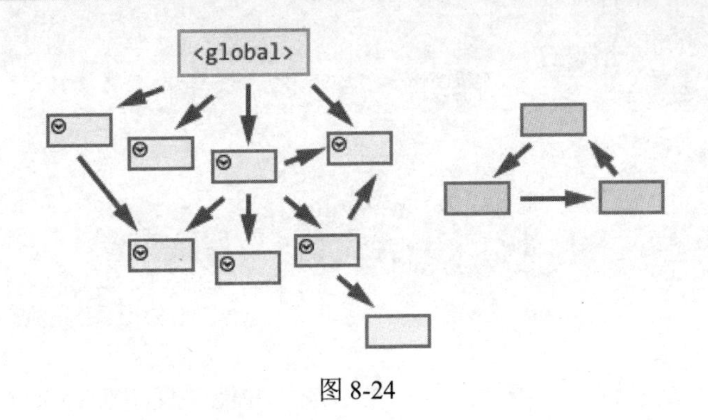

图 8-24

接着，标记它们引用的引用，如图 8-25 所示。

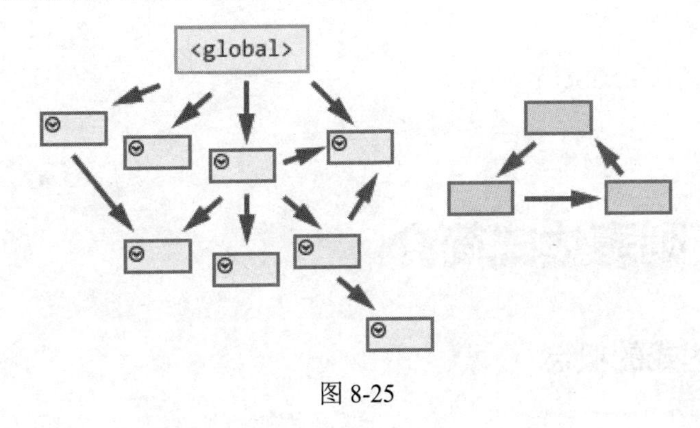

图 8-25

最后，没有被访问过的对象会被认为是不可触及的，它们将会被删除，如图 8-26 所示。

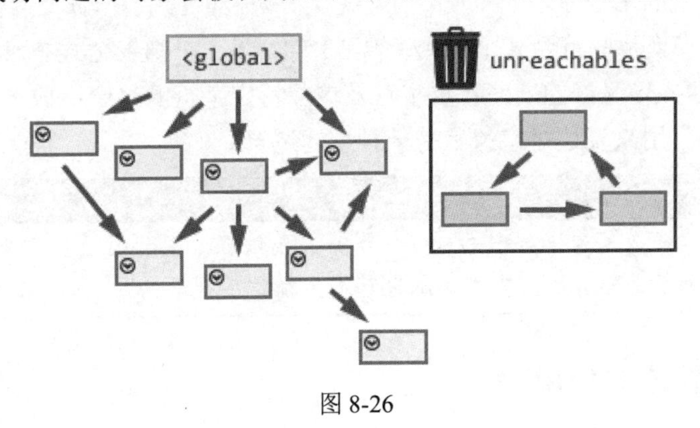

图 8-26

这就是垃圾回收的工作原理。

JavaScript 引擎在不影响执行的情况下做了很多优化，使这个过程的垃圾回收效率更高：

- 分代收集：对象会被分为“新生代”和“老生代”。很多对象完成任务后很快就不再需要了，所以对于它们的清理可以很频繁。在清理中留下的称为“老生代”。
- 增量收集：对象很多时，很难一次标记完所有对象，甚至对程序执行产生了明显的延迟，那么引擎会尝试把这个操作分割成多份，每次执行一份。这样做要记录额外的数据，但是可以有效降低延迟对用户体验的影响。
- 闲时收集：垃圾回收器尽量只在 CPU 空闲时运行，减少对程序执行的影响。

第 9 章

正则表达式

本章的学习目标是了解正则表达式的基本语法，并能够使用 JavaScript 的正则对象。通过本章的学习，你将掌握：

- 正则表达式
- 正则表达式在 JavaScript 中的应用

9.1 正则表达式简介

9.1.1 正则表达式的概念

正则表达式又称规则表达式，是一种用于匹配规律规则的表达式。正则表达式最初用于科学家对人类神经系统的工作原理的早期研究，现在在编程语言中有着广泛的应用。正则表达式通常被用来检索、替换那些符合某个模式（规则）的文本。正则表达式是对字符串操作的一种逻辑公式，就是用事先定义好的一些特定字符及这些特定字符的组合组成一个“规则字符串”，这个“规则字符串”用来表达对字符串的一种过滤逻辑。

注 意

正则表达式在大多数编程语言中都可以使用，并不依赖于某一门语言，并且在不同的语言当中它的规则都是一样的，操作对象也基本上都是字符串。

9.1.2 正则表达式的作用

- 匹配：给定的字符串是否符合正则表达式的过滤逻辑。
- 提取：可以通过正则表达式从字符串中获取我们想要的特定部分。
- 替换：强大的字符串替换能力。

9.1.3 正则表达式的特点

- 灵活性、逻辑性和功能性非常强。
- 可以迅速地用极简单的方式实现对字符串的复杂控制。
- 对于刚接触的人来说比较晦涩难懂。

9.1.4 正则表达式的组成

正则表达式由以下两种元素组成：

- 普通字符。
- 元字符（修饰符、限定符）：有特殊意义的字符。

元字符是一个或一组代替一个或多个字符的字符，根据功能的不同又可以将部分元字符称作修饰符或限定符。常用元字符如表 9-1 所示。

表 9-1　常用元字符

<table>
<tr><th>元字符</th><th>说明</th></tr>
<tr><td>\d</td><td>匹配数字</td></tr>
<tr><td>\D</td><td>匹配任意非数字的字符</td></tr>
<tr><td>\w</td><td>匹配字母、数字或下划线</td></tr>
<tr><td>\W</td><td>匹配任意不是字母、数字、下划线的字符</td></tr>
<tr><td>\s</td><td>匹配任意的空白符</td></tr>
<tr><td>\S</td><td>匹配任意不是空白符的字符</td></tr>
<tr><td>.</td><td>匹配除换行符（\n）以外的任意单个字符</td></tr>
<tr><td>^</td><td>表示匹配行首的文本（以谁开始）</td></tr>
<tr><td>$</td><td>表示匹配行尾的文本（以谁结束）</td></tr>
<tr><td>[]</td><td>表示范围</td></tr>
<tr><td>|</td><td>表示或者</td></tr>
<tr><td>()</td><td>进行分组，提升优先级</td></tr>
</table>

以下是常见的自定义元字符示例：

- [0-9]：表示 0~9 的任意一个数字，如"911" [0-9]。
- [1-7]：表示 1~7 的任意一个数字。
- [a-z]：表示所有的小写字母中的任意一个。
- [A-Z]：表示所有的大写字母中的任意一个。
- [a-zA-Z]：表示所有字母中的任意一个。
- [0-9a-zA-Z]：表示所有数字或者是字母中的一个。
- []：除了表示范围外，其另一个含义是把正则表达式中元字符的意义消除，例如[.]就表示是一个..
- [0-9]||[a-z]：表示要么是一个数字，要么是一个小写字母。
- [0-9]|([a-z])|[A-Z]：先匹配中间的小写字母。
- ([0-9])([1-5])([a-z])：分三组，从最左边开始计算。

- ^[a-z]：以小写字母开始。
- [^0-9]：取反，非数字。
- [^a-z]：非小写字母。
- [0-9][a-z]$：必须以小写字母结束。

修饰符（见表 9-2）设置正则表达式匹配的方式。

表 9-2 修饰符

修饰符	说明
I	执行大小写不敏感的匹配
G	执行全局匹配，即返回所有匹配的子串，默认只返回第一个匹配
M	多行匹配，^和$在字符串的每一行都进行一次匹配

限定符（见表 9-3）限定前面的表达式出现的次数。

表 9-3 限定符

限定符	说明
*	重复零次或更多次
+	重复一次或更多次
?	重复零次或一次
{n}	重复 n 次
{n,}	重复 n 次或更多次
{n,m}	重复 n 到 m 次

示例：

- [a-z][0-9]*：小写字母中的任意一个后面要么没有数字，要么是多个数字。
- [a-z][9]+：小写字母中的任意一个，后面最少有一个 9。

9.1.5 常用案例

（1）验证手机号：国内手机号 11 位整数。

非严格验证：^\d{11}$。

严格验证：0?(13|14|15|17|18|19)[0-9]{9}。

（2）验证邮编：国内邮编 6 位整数，^\d{6}$。

（3）验证日期：2020-03-01，^\d{4}-\d{1,2}-\d{1,2}$。

（4）验证邮箱：zouyujie@126.com，^\w+@\w+\.\w+$。

（5）验证 IP 地址：192.168.1.95，^\d{1,3}\(.\d{1,3}){3}$。

9.1.6 如何验证正则表达式的正确性

当我们写正则表达式的时候，注意观察字符串的规律，但是不要追求完美。写完表达式之后，要对正则表达式的准确性进行验证，网上有许多在线的正则表达式测试网站，例如 https://tool.oschina.net/regex。

9.2 在 JavaScript 中使用正则表达式

正则表达式的使用可以分为四个步骤：创建正则对象、正则匹配、正则提取、正则替换。

9.2.1 创建正则对象

创建正则对象可通过两种方式创建：构造函数与字面量。

1. 通过构造函数创建对象

通过 new 构造一个正则表达式对象，其中第一个参数是正则内容，第二个参数是修饰符（作用是对匹配过程进行限定），两个参数皆为字符串类型。

```
//1.创建正则对象
var reg = new RegExp(/\d{11}/ ,'g'); //11 位数字
//2.调用方法验证字符串是否匹配
var flag = reg.test('我的电话是 15243641131');
console.log(flag); //true
```

2. 以字面量的方式创建对象

相比较上一种方式，这一种更为常见。两个斜线内为正则的内容，后面可以跟修饰符，与第一种构造函数方式相比更简洁，缺点是正则内容不能拼接，对于大多数场景来说足够了。

示例：筛选出【】中的内容。

```
//以字面量的方式创建正则表达式对象
var reg = /\【([^】]*)\】/g;
var txt = '我毕业于【湖南第一师范】，所学专业【电子信息工程】';
var result = txt.match(reg);
console.log(result);
```

运行结果如图 9-1 所示。

```
▼(2) ["【湖南第一师范】", "【电子信息工程】"]
    0: "【湖南第一师范】"
    1: "【电子信息工程】"
    length: 2
  ▶__proto__: Array(0)
```

图 9-1

9.2.2　正则匹配

正则匹配可以使用 RegExp 对象的 test()方法。test()方法用于检测一个字符串是否匹配某个模式。

语法：

```
RegExpObject.test(string)
```

参数：

string：必需，要检测的字符串。

返回值：

如果字符串 string 中含有与 RegExpObject 匹配的文本，就返回 true，否则返回 false。

说明：

调用 RegExp 对象 r 的 test()方法，并为它传递字符串 s，与(r.exec(s) != null)是等价的。

示例代码：

```
var str = '邹琼俊，2011 年毕业于湖南第一师范';
var patt1 = new RegExp('湖南第一师范');
var result = patt1.test(str);
document.write('匹配结果： ' + result); //匹配结果： true
```

9.2.3　正则提取

1. match()方法

可在字符串内检索指定的值，或找到一个或多个正则表达式的匹配。该方法类似于 indexOf()和 lastIndexOf()，但是它返回指定的值，而不是字符串的位置。

语法：

```
stringObject.match(searchvalue)
stringObject.match(regexp)
```

参数说明：

- searchvalue：必需，规定要检索的字符串值。
- regexp：必需，规定要匹配的模式的 RegExp 对象。如果该参数不是 RegExp 对象，就需要把它传递给 RegExp 构造函数，将其转换为 RegExp 对象。

说　明
match()方法将检索字符串 stringObject，以找到一个或多个与 regexp 匹配的文本。这个方法的行为在很大程度上有赖于 regexp 是否具有标志 g。

如果 regexp 没有标志 g，那么 match()方法就只能在 stringObject 中执行一次匹配；如果没有找到任何匹配的文本，那么 match()将返回 null；否则，它将返回一个数组，其中存放了与它找到的匹配文本有关的信息。

示例：

```
// 分组提取----提取作者和日期
var dateStr = '邹琼俊编写的《Vue.js 2.x 实践指南》将于 2020-04-01 出版';
// 正则表达式中的()作为分组来使用，获取分组匹配到的结果用 Regex.$1、
// Regex.$2 Regex.$3....来获取
var reg = /(.+)编写.+(\d{4}-\d{1,2}-\d{1,2})/g;
if (reg.test(dateStr)) {
    console.log('作者：' + RegExp.$1);
    console.log('出版日期：' + RegExp.$2);
}
```

运行结果如图 9-2 所示。

```
作者：邹琼俊
出版日期：2020-04-01
```

图 9-2

2. exec 方法

exec()方法用于检索字符串中正则表达式的匹配。

语法：

```
RegExpObject.exec(string)
```

参数：

string：必需，要检索的字符串。

返回值：

返回一个数组，其中存放匹配的结果。若未找到匹配结果，则返回值为 null。

说　明
exec()方法的功能非常强大，它是一个通用的方法，而且使用起来比 test()方法以及支持正则表达式的 String 对象的方法更为复杂。

如果 exec()找到了匹配的文本，就返回一个结果数组，否则就返回 null。此数组的第 0 个元素是与正则表达式相匹配的文本，第一个元素是与 RegExpObject 的第一个子表达式相匹配的文本（有的话），第二个元素是与 RegExpObject 的第二个子表达式相匹配的文本（有的话），以此类推。除了数组元素和 length 属性之外，exec()方法还返回两个属性，分别是 index 和 groups。index 属性声明的是匹配文本的第一个字符的位置。在 ES9 引入了具名组匹配，groups 属性是每一个组匹配所指定的一个名字，这样既便于阅读代码，又便于引用，如果没有指定名字默认是 undefined。

下面通过一个示例来比较 match()和 exec()方法的区别：

```
var str = '《Vue.js 2.x 实践指南》的作者：邹琼俊，邮箱：zouyujie@126.com、
```

```
1430642398@qq.com';
    var arr = str.match(/\w+@\w+\.\w+(\.\w+)?/g);
    console.log(arr);
    var rex = /\w+@\w+\.\w+(\.\w+)?/g;
    var arr2 = rex.exec(str);
    console.log(arr2);
```

运行结果如图 9-3 所示。

```
▼(2) ["zouyujie@126.com", "1430642398@qq.com"]
    0: "zouyujie@126.com"
    1: "1430642398@qq.com"
    length: 2
  ▶__proto__: Array(0)
▼(2) ["zouyujie@126.com", undefined, index: 27, input: "《Vue.js 2.x实践指南》的作者：邹琼
    0: "zouyujie@126.com"
    1: undefined
    index: 27
    input: "《Vue.js 2.x实践指南》的作者：邹琼俊，邮箱：zouyujie@126.com、1430642398@qq.com"
    groups: undefined
    length: 2
  ▶__proto__: Array(0)
```

图 9-3

9.2.4 正则替换

replace()方法可在字符串中用一些字符替换另一些字符，或替换一个与正则表达式匹配的子串。

语法：

```
stringObject.replace(regexp/substr,replacement)
```

参数：

- regexp/substr：必需，规定子字符串或要替换的模式的 RegExp 对象。注意，如果该值是一个字符串，就将它作为要检索的直接量文本模式，而不是首先被转换为 RegExp 对象。
- replacement：必需，一个字符串值，规定了替换文本或生成替换文本的函数。

返回值：

一个新的字符串，是用 replacement 替换了 regexp 的第一次匹配或所有匹配之后得到的。

说　明
字符串 stringObject 的 replace()方法执行的是查找并替换的操作。它将在 stringObject 中查找与 regexp 相匹配的子字符串，然后用 replacement 来替换这些子串。如果 regexp 具有全局标志 g，那么 replace()方法将替换所有匹配的子串；否则，它只替换第一个匹配子串。

replacement 可以是字符串，也可以是函数。如果它是字符串，那么每个匹配都将由字符

串替换。replacement 中的$字符（见表 9-4）具有特定的含义，说明从模式匹配得到的字符串将用于替换。

表 9-4　replacement 中的 $

字符	替换文本
$1、$2、...、$99	与 regexp 中的第 1 个到第 99 个子表达式相匹配的文本
$&	与 regexp 相匹配的子串
$`	位于匹配子串左侧的文本
$'	位于匹配子串右侧的文本
$$	直接量符号

示例代码：

```
// 用逗号替换所有空白
var str = '心里的花 我想要带你回家 在那深夜酒吧';
str = str.replace(/\s/g, '，');
console.log(str);//心里的花，我想要带你回家，在那深夜酒吧
```

9.3 正则表达式使用案例

9.3.1 密码强度验证

在网站的注册功能中，通常都会对密码进行验证并且有强度提示。下面就来实现这种效果。

1. 密码强度说明

- 1 级：弱，纯数字、纯字母、纯符号。
- 2 级：中，数字、字母、符号任意两种的组合。
- 3 级：强，数字、字母、符号全部都要有。

2. 实现思路

在输入框提示区域编写两个 div 层：一个显示提示文字，一个显示密码强度提示。给文本框添加键盘抬起事件 onkeyup：

- 没有输入时，显示“密码可由字母、数字、特殊符号组成，长度为 6~16 个字符”。
- 光标聚焦到文本框中，在密码长度不到 6 位时，显示“密码不少于 6 位”提示文字。
- 当文本框中的字符达到 6 位后，显示提示文字的层隐藏，显示密码强度的层显示出来。
- 通过正则表达式控制密码强度提示的三个 span 的隐藏和显示。对上面三种情况，只需要对第一种、第二种进行验证即可，因为相对来说这两个表达式好写一些。这两种验证之后就只剩下第三种验证了，所以无须再编写表达式对第三种进行验证。

HTML 代码如下：

```
<style type="text/css">
      #pwdLength {
        padding-top: 5px;
      }
      #pwdLength span {
        display: none;
        float: left;
        height: 14px;
        line-height: 14px;
        width: 51px;
        font-size: 12px;
        text-align: center;
        color: white;
        border-right: 1px solid white;
      }
      #txtPwd {
        width: 320px;
      }
      .pwd-msg {
        width: 320px;
      }
      .level-weak {
        background-color: green;
      }
      .level-general {
        background-color: orange;
      }
      .level-strong {
        background-color: red;
      }
</style>
</head>
<body>
    密码:
    <input
      id="txtPwd"
      onkeyup="return checkPwd()"
      type="password"
      maxlength="16"
      placeholder="字母、数字、特殊符号组成，长度为 6~16 个字符"
    /><br />
<div id="pwdPrompt">
```

```
        <div id="pwdLength">
          <span id="levelWeak" class="level-weak">弱</span>
          <span id="levelGeneral" class="level-general">中</span>
          <span id="levelStrong" class="level-strong">强</span>
        </div>
        <div class="pwd-msg" id="pwdMsg"></div>
  </div>
```

JS 代码如下：

```
    <script>
        function my(id) {
          return document.getElementById(id);
        }
        function setDisplayById(id, display) {
          my(id).style.display = display;
        }
        //数字、字母或符号中的一种
        var reg1 = /(^\d{6,}$)|(^[a-zA-Z]{6,}$)|(^[^a-zA-Z0-9]{6,}$)/;
        //数字、字母、字符任意组合
        var reg2 = /\d*\D*((\d+[a-zA-Z]+[^0-9a-zA-Z]+)|(\d+[^0-9a-zA-Z]+[a-zA
-Z]+)|([a-zA-Z]+\d+[^0-9a-zA-Z]+)|([a-zA-Z]+[^0-9a-zA-Z]+\d+)|([^0-9a-zA-Z]+[a
-zA-Z]+\d+)|([^0-9a-zA-Z]+\d+[a-zA-Z]+))\d*\D*/;
        function checkPwd() {
          var pwd = my('txtPwd').value;
          if (pwd.length < 6) {
            my('pwdMsg').innerHTML = '密码长度不能小于 6 位';
            setDisplayById('pwdMsg', 'block');
            setDisplayById('levelWeak', 'none');
            setDisplayById('levelGeneral', 'none');
            setDisplayById('levelStrong', 'none');
            return false;
          } else {
            setDisplayById('pwdMsg', 'none');
            setDisplayById('pwdLength', 'block');
            if (reg1.test(pwd)) {
              //第一种
              setDisplayById('levelWeak', 'block');
              setDisplayById('levelGeneral', 'none');
              setDisplayById('levelStrong', 'none');
              return true;
            } else if (!reg2.test(pwd)) {
              //第二种
              setDisplayById('levelWeak', 'block');
```

```
            setDisplayById('levelGeneral', 'block');
            setDisplayById('levelStrong', 'none');
            return true;
          } else {
            //第三种
            setDisplayById('levelWeak', 'block');
            setDisplayById('levelGeneral', 'block');
            setDisplayById('levelStrong', 'block');
            return true;
          }
          return true;
        }
      }
</script>
```

依次进行操作：未输入密码，输入密码“123”“123456”“123abc”“123abc@”，运行结果如图 9-4 所示。

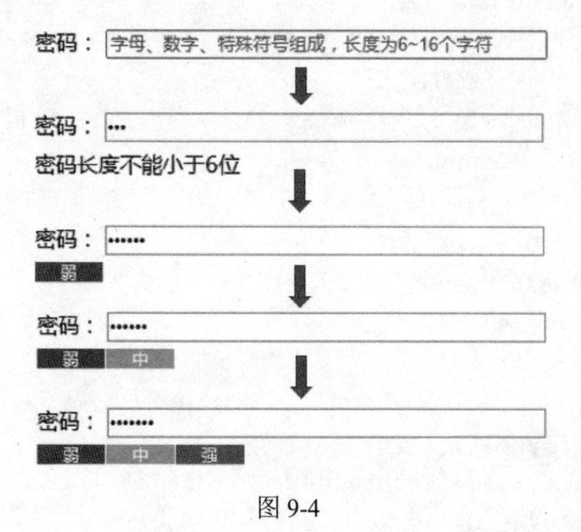

图 9-4

9.3.2 表单验证

正则表达式用得最多的场景就是表单数据格式验证，下面我们来看一个简单的示例。

HTML 代码：

```
<style>
      body {
        background: #ccc;
      }
      label {
        width: 50px;
        display: inline-block;
      }
      span {
        color: red;
```

```
            padding-left: 5px;
          }
          .container {
            margin: 100px auto;
            width: 400px;
            padding: 0px 50px 50px 50px;
            line-height: 40px;
            border: 1px solid #999;
            background: #efefef;
          }
    </style>
    </head>
    <body>
    <div class="container">
          <h3>个人资料</h3>
          <div>
            <label>姓名:</label><input type="text" id="fullName" /><span></span>
          </div>
          <div>
            <label for="job">职业: </label
            ><input type="text" id="job" /><span></span>
          </div>
          <div>
            <label for="qq">Q Q:
</label><input type="text" id="qq" /><span></span>
          </div>
          <div>
            <label>手机: </label><input type="text" id="phone" /><span></span>
          </div>
          <div>
            <label>邮箱: </label><input type="text" id="e-mail" /><span></span>
          </div>
    </div>
```

JS 代码：

```
    function my(id) {
            return document.getElementById(id);
    }
    function validateInput(input, reg, msg) {
            //文本框注册失去焦点的事件
            input.onblur = function() {
              if (reg.test(this.value)) {
                this.nextElementSibling.innerText = '√';
                this.nextElementSibling.style.color = 'green';
              } else {
                this.nextElementSibling.innerText = msg;
                this.nextElementSibling.style.color = 'red';
              }
            };
          }
```

```
//中文名字：2~6 个中文字符
validateInput(
        my('fullName'),
        /^[\u4e00-\u9fa5]{2,6}$/,
        '请输入正确的姓名'
);
//职业：2~16 个中文字符
validateInput(
        my('job'),
        /^[\u4e00-\u9fa5]{2,16}$/,
        '请输入正确的职业信息'
);
//qq 的
validateInput(my('qq'), /^\d{5,11}$/, '请输入正确的 QQ 格式');
//手机
validateInput(my('phone'), /^\d{11}$/, '请输入正确的手机号码');
//邮箱
validateInput(
        my('e-mail'),
        /^[0-9a-zA-Z_.-]+[@][0-9a-zA-Z_.-]+([.][a-zA-Z]+){1,2}$/,
        '请输入正确的邮箱格式'
);
```

运行结果如图 9-5 所示。

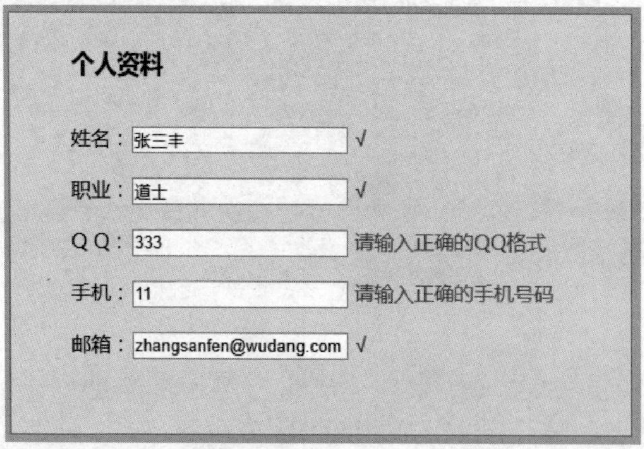

个人资料

姓名：张三丰 √

职业：道士 √

QQ：333 请输入正确的QQ格式

手机：11 请输入正确的手机号码

邮箱：zhangsanfen@wudang.com √

图 9-5

第 10 章
◂ 贪吃蛇案例 ▸

本章将通过一个贪吃蛇的小游戏案例对我们前面所学的知识做一个应用。

10.1 案例介绍

贪吃蛇是一款经典的益智游戏，通过控制蛇头方向吃食物，从而使得蛇变得越来越长。

用键盘上下左右按键控制蛇的方向，寻找吃的食物，每吃一口食物，蛇的身子就会变长，身子越长玩的难度越大，因为不能碰墙，不能咬到自己的身体。

示例运行界面如图 10-1 所示。

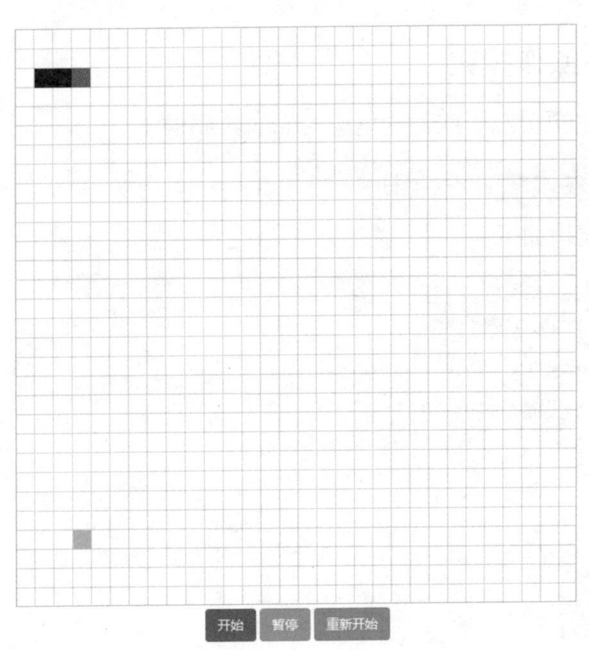

图 10-1

根据面向对象的思想，我们来开始设计游戏，从图 10-1 中我们可以看到，该游戏中有如下对象：

- 地图：地图属性有宽、高、背景颜色，地图中有格子，格子属性有宽、高。

- 操作按钮：开始、暂停、重新开始。（游戏对象）。
- 蛇：属性有宽、高、方向、状态（有多少节身子），方法为显示、跑动。
- 食物：属性宽、高、背景颜色、横坐标、纵坐标。

关键技术点

- 显示蛇：根据状态向地图里加元素。
- 蛇跑起来：把小蛇的头的坐标给小蛇第一部分的身体，第一部分的身体的坐标给下一个部分身体，蛇头根据方向变，删除原来的蛇，然后新建蛇；当出界时，死亡并结束；当蛇头吃到自己的时候，死亡并结束。
- 食物被吃掉，蛇加一节，去掉原来的食物，重新生成新的食物。
- 添加定时器，绑定按键，添加游戏控制按钮。

注　意
小蛇和食物都是相对于地图显示的，这里小蛇和食物都是地图的子元素，小蛇和食物在游戏开始时是随机位置显示并且脱离文档流的。

10.2 实现步骤

10.2.1 画地图和操作按钮

为了让界面看上去更美观一些，这里引入 bootstrap 样式。

```
<link rel="stylesheet" href="../css/bootstrap.min.css" />
```

界面布局 DOM 结构如下：

```
<div class="container">
      <!-- 画出地图 设置样式 -->
      <div id="map" class="map"></div>
      <div class="btn-operation">
      <button type="button" class="btn btn-danger" onclick="startGame()">
          开始
        </button>
     <button type="button" class="btn btn-warning" onclick="pauseGame()">
          暂停
        </button>
      <button type="button" class="btn btn-info" onclick="restartGame()">
          重新开始
        </button>
      </div>
</div>
```

地图我们设置为宽、高都为 600 像素，每一个格子宽高都设置为 20 像素，这样横纵都有 30 个格子，CSS 样式代码如下：

```
.container {
        width: 100%;
        padding-top: 10px;
        position: relative;
}
.map {
        width: 600px;
        height: 600px;
        background-color: white;
        position: relative;
        margin: 0 auto;
        padding-top: 10px;

        border: 1px #ccc solid;
        background: -webkit-linear-gradient(top, transparent 19px, #ccc 20p
x),
          -webkit-linear-gradient(left, transparent 19px, #ccc 20px);
        background: -moz-linear-gradient(top, transparent 19px, #ccc 20px),
          -moz-linear-gradient(left, transparent 19px, #ccc 20px);
        background: -o-linear-gradient(top, transparent 19px, #ccc 20px),
          -o-linear-gradient(left, transparent 19px, #ccc 20px);
        background: -ms-linear-gradient(top, transparent 19px, #ccc 20px),
          -ms-linear-gradient(left, transparent 19px, #ccc 20px);
        background: linear-gradient(top, transparent 19px, #ccc 20px),
          linear-gradient(left, transparent 19px, #ccc 20px);
        -webkit-background-size: 19px 20px;
        -moz-background-size: 20px 20px;
        background-size: 20px 20px;
}
.btn-operation {
        width: 600px;
        margin: 0 auto;
        height: 40px;
        line-height: 40px;
        text-align: center;
}
```

10.2.2　封装食物对象

食物是一个对象，有宽、有高、有颜色、有横纵坐标。在这里，我们通过构造函数的方式来创建对象，并单独存放到一个 food.js 文件中，代码如下所示：

```
//食物的自调用函数
(function() {
  //创建一个数组来存放吃到的食物
  var elements = [];

  //构造函数创建对象
  function Food(width, height, color, x, y) {
    //元素的宽和高：默认 20
    this.width = width || 20;
    this.height = height || 20;
    //元素的颜色：默认浅蓝色
    this.color = color || 'lightblue';
    //元素的横纵坐标：默认为 0
    this.x = x || 0;
    this.y = y || 0;
  }

  //为元素添加初始化的方法。公用方法最好放在原型里，因为要在页面上显示，所以需要传入 map
  Food.prototype.init = function(map) {
    //先删除食物
    //外部无法访问的函数
    remove();
    // 创建元素
    var div = document.createElement('div');
    // 把元素追加到 map 中
    map.appendChild(div);
    // 设置元素的样式：宽、高、颜色
    div.style.width = this.width + 'px';
    div.style.height = this.height + 'px';
    div.style.backgroundColor = this.color;
    //先脱离文档流
    div.style.position = 'absolute';
    //横纵坐标随机产生的
    this.x = parseInt(Math.random() * (map.offsetWidth / this.width)) * thi
s.width;
    this.y = parseInt(Math.random() * (map.offsetHeight / this.height)) * t
his.height;
    //元素的横纵坐标
    div.style.left = this.x + 'px';
    div.style.top = this.y + 'px';

    //把 div 元素追加到 elements 数组中
```

```
    elements.push(div);
  };

  //私有的函数：删除食物
  function remove() {
    //elements 数组中有这个食物
    for (var i = 0; i < elements.length; i++) {
      var ele = elements[i];
      //找到这个食物的父级元素，从地图上删除食物
      ele.parentNode.removeChild(ele);
      //删除数组的 div 元素：在 i 处删除一项
      elements.splice(i, 1);
    }
  }

  //把 Food 暴露给 window
  window.Food = Food;
})();
```

说明：对象的 JS 封装，采用函数自调用的形式。最后，把对象的构造函数给 window 下的属性，这样外部就可以直接使用这个对象的构造函数了。

10.2.3　封装小蛇对象

小蛇对象存放在独立文件 snake.js 中：

```
//小蛇的自调用函数
(function() {
  //定义一个数组用来存放小蛇
  var elements = [];

  // 小蛇的构造函数
  function Snake(width, height, direction) {
    //每个部分的宽和高
    this.width = width || 20;
    this.height = height || 20;
    //小蛇的身体部分
    this.body = [
      { x: 3, y: 2, color: 'red' }, //小蛇的头部
      { x: 2, y: 2, color: 'black' }, //小蛇的身体
      { x: 1, y: 2, color: 'black' } //小蛇的身体
    ];
    //方向
    this.direction = direction || 'right';
```

```
}

//通过原型添加方法给小蛇添加初始化方法
Snake.prototype.init = function(map) {
  remove();
  //循环遍历
  for (var i = 0; i < this.body.length; i++) {
    //每一个数组元素都是一个对象
    var obj = this.body[i];
    //创建 div
    var div = document.createElement('div');
    //追加到 map 中
    map.appendChild(div);
    //设置 div 的样式
    div.style.position = 'absolute';
    div.style.width = this.width + 'px';
    div.style.height = this.height + 'px';
    //横纵坐标
    div.style.left = obj.x * this.width + 'px';
    div.style.top = obj.y * this.height + 'px';
    //背景颜色
    div.style.backgroundColor = obj.color;
    //把 div 追加到 elements 数组中
    elements.push(div);
  }
};

//通过原型添加 move 方法
Snake.prototype.move = function(food, map) {
  //小蛇的身体部分：把前一个的横纵坐标给下一个
  var i = this.body.length - 1;
  //逆序循环
  for (; i > 0; i--) {
    this.body[i].x = this.body[i - 1].x;
    this.body[i].y = this.body[i - 1].y;
  }

  // 判断方向：改变小蛇头部的坐标
  switch (this.direction) {
    case 'right':
      this.body[0].x += 1;
      break;
    case 'left':
```

```
        this.body[0].x -= 1;
        break;
      case 'top':
        this.body[0].y -= 1;
        break;
      case 'bottom':
        this.body[0].y += 1;
        break;
    }

    //判断有没有吃到食物
    //小蛇头部的坐标和食物的坐标一致
    var headX = this.body[0].x * this.width;
    var headY = this.body[0].y * this.height;
    //判断小蛇头部的坐标和食物的坐标是否相同
    if (headX == food.x && headY == food.y) {
      //获取小蛇最后的尾巴
      var last = this.body[this.body.length - 1];
      //以对象的方式加入数组中
      this.body.push({
        x: last.x,
        y: last.y,
        color: last.color
      });
      //删除食物，然后初始化食物
      food.init(map);
    }
  };

  //添加私有的删除函数
  function remove() {
    var i = elements.length - 1;
    //逆序找到这个元素的父元素
    for (; i >= 0; i--) {
      var ele = elements[i];
      //从地图上删除元素
      ele.parentNode.removeChild(ele);
      //从数组中删除
      elements.splice(i, 1);
    }
  }
  //把 Snake 暴露给 window
  window.Snake = Snake;
```

```
})();
```

10.2.4 封装游戏对象

游戏也是一个对象，有开始、暂停和重新开始方法，将其封装到单独的 game.js 文件中：

```
//游戏的自调用函数
(function() {
  var that = null;
  //游戏的构造函数
  function Game(map) {
    this.food = new Food(); //食物对象
    this.snake = new Snake(); //小蛇对象
    this.map = map; //地图
    that = this; //保留当前的实例对象到 that 变量中，此时 that 就是 this
  }

  //游戏初始化
  Game.prototype.init = function() {
    //食物初始化
    this.food.init(this.map);
    //小蛇初始化
    this.snake.init(this.map); //先让小蛇显示
    //调用按键的方法
    this.bindKey();
  };
  //开始游戏
  Game.prototype.start = function() {
    if (this.timeId) {
      clearInterval(this.timeId);
    }
    this.runSnake(this.food, this.map);
  };
  //暂停游戏
  Game.prototype.pause = function() {
    clearInterval(this.timeId);
  };
  //添加原型函数：设置小蛇可以自由移动
  Game.prototype.runSnake = function(food, map) {
    //此时的 this 是实例对象
    //setInterval 方法是通过 window 调用的 this 指向改变了
    this.timeId = setInterval(
      function() {
        this.snake.move(food, map);
```

```
      this.snake.init(map);
      //横坐标的最大值，map 的属性在 style 标签中
      var maxX = map.offsetWidth / this.snake.width;
      //纵坐标的最大值
      var maxY = map.offsetHeight / this.snake.height;
      var headX = this.snake.body[0].x;
      var headY = this.snake.body[0].y;
      // 横坐标方向的检测
      if (headX < 0 || headX >= maxX) {
        //撞墙了，停止定时器
        clearInterval(this.timeId);
        console.log('游戏结束');
        alert('游戏结束');
      }
      //纵坐标方向的检测
      if (headY < 0 || headY >= maxY) {
        //撞墙了，停止定时器
        clearInterval(this.timeId);
        console.log('游戏结束');
        alert('游戏结束');
      }
    }.bind(that),
    200
  ); //绑定到 that 中的计时器对象
};

//获取用户的按键，改变小蛇的方向
Game.prototype.bindKey = function() {
  //这里的 this 应该是触发 keydown 事件的对象 document，所以这里的 this 就是 document
  //获取用户的按键
  document.addEventListener(
    'keydown',
    function(e) {
      switch (e.keyCode) {
        case 37:
          this.snake.direction = 'left';
          break;
        case 38:
          this.snake.direction = 'top';
          break;
        case 39:
          this.snake.direction = 'right';
          break;
```

```
          case 40:
            this.snake.direction = 'bottom';
            break;
          }
        }.bind(that),
        false
      ); //绑定实例对象
    };

    //暴露给 window
    window.Game = Game;
  })();
```

10.2.5 游戏调用

```
<script>
    //初始化游戏对象
    var game = new Game(document.getElementById('map'));
    //初始化游戏
    game.init();
    //开始游戏
    function startGame() {
      game.start();
      this.disabled = !this.disabled;
    }
    //暂停游戏
    function pauseGame() {
      game.pause();
    }
    //重新开始
    function restartGame() {
      game.init();
    }
</script>
```

第4部分

JavaScript 下一代标准

ES（ECMAScript）是 ECMA 制定的标准化脚本语言。

ECMAScript6 (ES6) 是下一代 JavaScript 标准，在 2015 年 6 月正式发布。ES6 是 JavaScript 的一个重大更新，并且是自 2009 年发布 ES5 以后的第一次更新。自 ES6 之后，每年发布一个版本，并以年份作为名称，如下所示。

ECMAScript 版本	发布时间	新增特性
ECMAScript 2009（ES5）	2009 年 11 月	扩展了 Object、Array、Function 等功能
ECMAScript 2015（ES6）	2015 年 6 月	类、模块化、箭头函数、函数参数默认值等
ECMAScript 2016（ES7）	2016 年 3 月	includes，指数操作符
ECMAScript 2017（ES8）	2017 年 6 月	sync/await、Object.values()、Object.entries()、String、padding 等
ECMAScript 2018（ES9）	2018 年	异步迭代、Promise.finally()、Rest/Spread、正则表达式命名捕获组（groups）、反向断言、dotAll 模式
ECMAScript 2019（ES10）	2019 年	flat()、flatMap()、trimStart()、trimEnd()、Object.fromEntries()

了解这些新的 ES 特性，不仅能使我们的编码更加符合规范，还能提高编码效率。

说明：在目前一些主流的浏览器最新版本中已经支持了 ES6+的大多数特性。对于一些浏览器不支持的 ES 新特性，可以通过 Babel 来对 JavaScript 的新特性语法进行编译，编译成浏览器支持的语法。

TypeScript 是一种由微软开发的开源、跨平台的编程语言，是 JavaScript 的超集，最终会被编译为 JavaScript 代码。TypeScript 添加了可选的静态类型系统，以及很多尚未正式发布的 ECMAScript 新特性。

TypeScript 起源于使用 JavaScript 开发的大型项目。JavaScript 语言本身具有局限性，难以胜任和维护大型项目的开发，因此微软开发了 TypeScript。

第 11 章

◀ ES6~ES10新特性 ▶

本章主要对 ES6~ES10 当中一些新增的特性进行详细介绍，掌握这些新特性，可以简化我们的编程工作，从而提升我们的开发效率。

11.1 ES6 新特性

11.1.1 箭头函数

ES6 允许使用“箭头”（=>）定义函数，在语法上类似于 C#、Java8，它们同时支持表达式和语句体。和函数不同的是，箭头函数与包围它的代码共享同一个 this，能够帮助我们很好地解决 this 的指向问题。有经验的 JavaScript 开发者都熟悉诸如“var self = this;”或“var that = this;”这种引用外围 this 的模式，借助=>，就不需要了。

箭头函数最直观的三个特点如下：

- 不需要 function 关键字来创建函数。
- 省略 return 关键字。
- 继承当前上下文的 this 关键字。

```
// ES5
var add = function (a, b) {
        return a + b;
};
// 使用箭头函数
var add = (a, b) => a + b;

//ES5
var arr1 = ['剑惊风', '无痕公子', '霸刀'];
arr1.forEach(function (n) {
        console.log('[' + n + ']');
});
// ES6
arr1.forEach(n => {
        console.log('[' + n + ']');
});
```

注 意

当函数有且仅有一个参数的时候，是可以省略括号的。当函数返回有且仅有一个表达式的时候可以省略{}和 return。

11.1.2 const 和 let

ES6 推荐使用 let 声明局部变量，相比之前的 var，var 无论声明在何处，都会被视为声明在函数的最顶部（预解析）。

let 表示声明变量，而 const 表示声明常量，两者都为块级作用域；const 声明的变量都会被认为是常量，意思就是它的值被设置完成后就不能再修改了。

```
var str = "始皇帝死而地分";
{
    var name = "天行九歌";
    let msg = "荧惑守心";
}
console.log(str);//始皇帝死而地分
console.log(name);//天行九歌
console.log(msg);//ReferenceError: msg is not defined
const MSG = "秦时明月";
MSG = "百步飞剑";//Assignment to constant variable.
```

注 意

let 和 const 声明只在最靠近的一个块中（花括号内）有效，是局部变量。
当使用常量 const 声明时，请使用大写变量（非必须，编码规范），如 MSG。
const 在声明时必须被赋值，而且赋值后不能再修改。

11.1.3 模板字符串

通过反引号“`”可以实现模板字符串的功能，在两个反引号之间的${}中可以填充变量名称。

不使用模板字符串：

```
console.log('《' + MSG + '》之' + name);//《秦时明月》之天行九歌
```

使用模板字符：

```
console.log(`《${MSG}》之${name}`);//《秦时明月》之天行九歌
```

11.1.4 函数的参数默认值

可以给函数中的参数设置默认值，如果调用的时候不传参数，就会取默认值作为参数值。

```
function fun(name = '卫庄') {
    console.log(name);
```

```
}
fun();//卫庄
fun('盖聂');//盖聂
```

11.1.5　延展操作符

...是延展操作符（spread operator），可以在函数调用或数组构造时将数组表达式或者 string 在语法层面展开，还可以在构造对象时将对象表达式按 key-value 的方式展开。

```
function fun1(x, y, z) {
        console.log(x, y, z);
}

let arr = ['东皇太一', '月神', '星魂'];
fun1(...arr); // 东皇太一 月神 星魂

function fun2(...args) {
        console.log(args);
}
fun2('东皇太一', '月神', '星魂'); //  ["东皇太一", "月神", "星魂"]
```

11.1.6　对象解构

解构赋值允许你使用类似数组或对象字面量的语法，将数组和对象的属性赋给各种变量。这种赋值语法极度简洁，同时还比传统的属性访问方法更为清晰。

```
// ES5
var user = {
        username: '胜七',
        age: 30
}
console.log(user.username + user.age); //胜七 30

// ES6
const { username, age } = user;
console.log(username + age);//胜七 30
```

11.1.7　for-of 和 for-in

for-of 用于遍历一个迭代器，例如数组。

```
let arr2 = ['典庆', '梅三娘'];
for (let item of arr2) {
        console.log(item);
}
```

```
//典庆
//梅三娘
```

for-in 用来遍历对象中的属性：

```
let userInfo = {
    name: '鬼谷子',
    book: '奇门鬼谷'
}
for (let key in userInfo) {
    console.log(key + ':' + userInfo[key]);
}
// name:鬼谷子
// book:奇门鬼谷
```

11.1.8 对象属性简写

在 ES6 中，允许我们在设置一个对象的属性时不指定属性名。在 ES5 中，对象中必须包含属性和值，显得非常冗余。

```
const userName = '欧阳春', ageVal = 32, nickName = '北侠';

const userObj = {
    userName: userName,
    ageVal: ageVal,
    nickName: nickName
};
console.log(userObj);//{userName: "欧阳春", ageVal: 32, nickName: "北侠"}

// ES6 简写
const userNewObj = {
    userName,
    ageVal,
    nickName
};
console.log(userNewObj);//{userName: "欧阳春", ageVal: 32, nickName: "北侠"}
```

11.1.9 Promise

Promise 是异步编程的一种解决方案。它可以将异步操作队列化，让操作按照期望的顺序执行，最终返回符合预期的结果；同时可以在对象之间传递和操作 Promise，帮助我们处理队列。

过去常用的异步解决方案主要有两种：事件监听、函数回调。

（1）事件监听

```
<body>
    <input type="button" value="点我吧" id="btn" />
</body>
<script>
    function show() {
        document.write('传说中他有着绝对精彩和浪漫的身手')
    }
    document.getElementById("btn").onclick = show;
</script>
```

（2）函数回调

```
function post(url, data, fn) {
    var xhr = new XMLHttpRequest();
    xhr.open("POST", url, true);
    // 添加 http 头，发送信息至服务器时内容编码类型
    xhr.setRequestHeader("Content-Type", "application/x-www-form-urlencoded
");
    xhr.onreadystatechange = function () {
      if (xhr.readyState==4 && (xhr.status==200 || xhr.status == 304)) {
                fn.call(this, xhr.responseText); //执行回调
      }
    };
    xhr.send(data);
}
```

上述代码是一个 ajax 的调用，ajax 是异步请求，当调用成功后执行 fn 回调函数。

回调函数太多时，就会出现“回调地狱”的问题，Promise 通过链式调用的方式可以解决这一问题。比如说你要把一个函数 a 作为回调函数，但是该函数又把函数 b 作为参数，甚至 b 又把 c 作为参数使用，这样层层嵌套，就称为回调地狱，代码阅读性非常差。

回调地狱示例：

```
function fun(name, callback) {
        setTimeout(function () {
            callback(name, b);
        }, 300);
}
function a(name, callback) {
        setTimeout(function () {
            console.log(name);
            callback('b', c);
        }, 300);
}
```

```
function b(name, callback) {
        setTimeout(function () {
            console.log(name);
            callback('c')
        }, 300);
}
function c(name) {
        setTimeout(function () {
            console.log(name);
        }, 300);
}
fun('a', a);
```

Promise 是一个对象，对象和函数的区别就是对象可以保存状态，函数不可以（闭包除外），它并未剥夺函数 return 的能力，因此无须层层传递 callback，进行回调获取数据。Promise 的基本结构如下：

```
new Promise(
    function (resolve, reject) {
        // 一段耗时的异步操作
        resolve('成功') // 数据处理完成
        // reject('失败') // 数据处理出错
    }
).then(
    (res) => { console.log(res) },  // 成功
    (err) => { console.log(err) } // 失败
)
```

Resolve 的作用是将 Promise 对象的状态从“未完成”变为“成功”（从 pending 变为 resolved），在异步操作成功时调用，并将异步操作的结果作为参数传递出去。

Reject 的作用是将 Promise 对象的状态从“未完成”变为“失败”（从 pending 变为 rejected），在异步操作失败时调用，并将异步操作报出的错误作为参数传递出去。

Promise 有三个状态：

- pending（待定）：初始状态。
- fulfilled（实现）：操作成功。
- rejected（被否决）：操作失败。

当 Promise 状态发生改变时，就会触发 then()里的响应函数处理后续步骤。

注意：Promise 状态一经改变就不会再变。

Promise 解决回调地狱问题：

```
new Promise(resolve => {
        setTimeout(() => {
```

```
            resolve('1')
        }, 300)
    }).then(val => {
        console.log(val) //  1
        return new Promise(resolve => {
            setTimeout(() => {
                resolve('2')
            }, 300)
        })
    }).then(val => {
        console.log(val) // 2
        return new Promise(resolve => {
            setTimeout(() => {
                resolve('3')
            }, 300)
        })
    }).then(val => {
        console.log(val);//3
})
```

在上述代码中，第一个 then 方法中指定的回调函数返回的是另一个 Promise 对象，这时第二个 then 方法指定的回调函数就会等待这个新的 Promise 对象状态发生变化。如果变为 resolved，就继续执行第二个 then 里的回调函数。Promise 可以将一些异步的方法按照 then 的调用顺序来依次执行。

Promise 适用于在 ajax 请求或者 node.js 的文件读写等异步操作需要依次有序执行的场景。

11.1.10　class

Java、C#等纯面向对象语言的开发者对 class 应该非常熟悉。ES6 中引入了 class（类），可以让 JavaScript 的面向对象编程变得更加简单和易于理解。

```
class Person {
        // 构造函数，实例化的时候将会被调用，如果不指定，就会有一个不带参数的默认构造函数
        constructor(name, nickName) {
            this.name = name;
            this.nickName = nickName;
        }
        // toString 是原型对象上的属性
        toString() {
            console.log('姓名:' + this.name + ',绰号:' + this.nickName);
        }
}

var xxy = new Person('夏雪宜', '金蛇郎君');//实例化 Person
```

```
xxy.toString();

console.log(xxy.hasOwnProperty('name')); //true
console.log(xxy.hasOwnProperty('toString')); // false
console.log(xxy.__proto__.hasOwnProperty('toString')); // true

class wulinPerson extends Person {
        constructor(skill) {
            // 子类必须要在constructor中指定super 函数，否则在新建实例的时候会报错
            // 如果没有指定constructor，默认super函数的constructor将会被添加
            super('袁承志', '七省绿林盟主');
            this.skill = skill;
        }
        toString() {
            console.log('姓名:' + this.name + ',绰号:' + this.nickName + ',绝
学:' + this.skill);
        }
}

var ycz = new wulinPerson('混元功')
ycz.toString();

// ycz 是 wulinPerson 和 Person 的实例，和ES5完全一致
console.log(ycz instanceof wulinPerson); // true
console.log(ycz instanceof Person); // true

console.log(ycz.hasOwnProperty('toString')); // false
console.log(ycz.__proto__.hasOwnProperty('toString')); // true
```

熟悉 Java 语言的开发者会发现，上述代码写起来和 Java 语言差不多。

11.1.11 模块化

ES5 不支持原生的模块化，在 ES6 中模块作为重要的组成部分被添加进来。模块的功能主要由 export 和 import 组成，每一个模块都有自己单独的作用域，模块之间的相互调用关系通过 export 来确定模块对外暴露的接口，通过 import 来引用其他模块提供的接口。同时还为模块创造了命名空间，可以有效地防止函数命名冲突。

新建文件 test.js，然后添加如下代码：

```
var title = '千年等一回';
var time = 1000;

export { title, time };
export const name = '许仙';
```

```
export function meet() {
  console.log('有缘千里来相会');
}

let user = {
  name: '白素贞',
  teacher: '黎山老母'
};

export default user;
```

然后在一个 HTML 页面中引入：

```
<script type="module">
    import user from '../scripts/test.js';
    import { title, time, name, meet } from '../scripts/test.js';

    console.log(`${title}=${name}等了${time}年`);//千年等一回=许仙等了 1000 年
    meet();//有缘千里来相会
    console.log(`${user.name}的师傅是${user.teacher}`);//白素贞的师傅是黎山老母
</script>
```

注　意

由于浏览器还没有完全支持 ES6 模块，所以需要在导入模块时，在 script 标签中加“type = module”。

在 ES6 中导入模块，使用“import 模块名称 from"模块标识符"”。

在 ES6 中导出模块，使用 export default 和 export 向外暴露成员。

提　示

export default 和 export 区别：

（1）export 与 export default 均可用于导出常量、函数、文件、模块等。
（2）在一个文件或模块中，export、import 可以有多个，export default 仅有一个。
（3）通过 export 方式导出，在导入时要加{ }，这种形式叫作“按需导出”。export 可以向外导出多个成员，同时某些成员在 import 的时候不需要时，则可以不在 {} 中定义。
（4）使用 export 导出的成员必须严格按照导出时的名称用{}按需接收。如果想换个名称来接收，那么可以使用 as 来起别名。
（5）export default 向外导出的成员可以使用任意变量来接收，export default 在导入时不需要加{}。
（6）在一个文件模块中，可以同时使用 export default 和 export 向外导出成员。

11.2 ES7 新特性

ES7 是 ECMA-262 标准第 7 版的简称，从 ES6 开始每年发布一个版本，也可以使用年份作为名称，即 ECMAScript 2016，简称 ES2016。

11.2.1 Array.prototype.includes()

includes()用于查找一个值在不在数组里，或者判断一个字符串是否包含在另一个字符串中（字符串可以理解为字符的数组），若存在则返回 true，若不存在则返回 false。

基本语法：

```
str.includes(searchString[, position])
```

参数：

- searchString：要在此字符串中搜索的字符串。
- Position：可选，从当前字符串的哪个索引位置开始搜寻子字符串，默认值为 0。

示例代码：

```
var users = ['马如龙', '邱凤城', '沈红叶', '杜青莲'];
console.log(users.includes('马如龙'));//true
console.log(users.includes('叶开'));//false
console.log(users.includes('马如龙', 1));//false
console.log(users.includes('邱凤城', 1));//true
```

11.2.2 指数操作符**

基本用法：2**2 //4

效果等同于：Math.pow(2, 2) //4

示例：

```
let a = 7 ** 2
console.log(a);  //49
```

11.3 ES8 新特性

ES8 是 ECMA-262 标准第 8 版的简称，又称为 ECMAScript 2017，简称 ES2017。

11.3.1 async 和 await

async 和 await 最早出现在 C#语言中。

1. async

async function 用来定义一个返回 AsyncFunction 对象的异步函数。异步函数是指通过事件循环异步执行的函数，会通过一个隐式的 Promise 返回其结果。如果在代码中使用了异步函数，就会发现它的语法和结构更像标准的同步函数。

```
async function name([param[, param[, ... param]]]) { statements }
```

（1）参数

- name：函数名称。
- param：要传递给函数的参数。
- statements：函数体语句。

（2）返回值

返回的 Promise 对象会运行执行（resolve）异步函数的返回结果，或者运行拒绝（reject）——如果异步函数抛出异常。

2. await

await 操作符用于等待一个 Promise 对象，只能在异步函数 async function 中使用。

（1）基本语法

```
[return_value] = await expression;
```

（2）参数

Expression：一个 Promise 对象或者任何要等待的值。

（3）返回值

返回 Promise 对象的处理结果。如果等待的不是 Promise 对象，则返回该值本身。

（4）作用

避免有更多的请求操作，出现多重嵌套，也就是俗称的“回调地狱”。ES6 的 Promise 将回调函数的嵌套改为了链式调用的方式。

（5）描述

await 表达式会暂停当前 async function 的执行，等待 Promise 处理完成。若 Promise 正常处理（fulfilled），其回调的 resolve 函数参数作为 await 表达式的值，继续执行 async function。若 Promise 处理异常（rejected），await 表达式会把 Promise 的异常原因抛出。

另外，如果 await 操作符后的表达式值不是一个 Promise，则返回该值本身。

async/await 的目的是简化使用多个 Promise 时的同步行为，并对一组 Promise 执行某些操作。正如 Promise 类似于结构化回调，async/await 更像结合了 Generator 和 Promise。

示例代码：

```
function first() {
    return new Promise((resolve, reject) => {
```

```
        let msg = "攻打岩流岛";
        setTimeout(() => {
            resolve(msg)
        }, 1000)
    })
}
function two() {
    return new Promise((resolve, reject) => {
        let msg = "偷袭钟乳洞";
        setTimeout(() => {
            resolve(msg)
        }, 1000)
    })
}
function three() {
    return new Promise((resolve, reject) => {
        let msg = "突破一线天";
        setTimeout(() => {
            resolve(msg)
        }, 1000)
    })
}
async function fun() {
    let res = await first()
    console.log('1:', res)
    res = await two();
    console.log('2:', res)
    res = await three();
    console.log('3:', res)
}
fun();
```

运行结果：

```
攻打岩流岛
偷袭钟乳洞
突破一线天
```

上述代码中使用 setTimeout 是为了模拟异步操作。await 使异步代码更像同步的代码。

11.3.2 Object.values/Object.entries

Object.values、Object.entries 和 Object.keys 各自项返回的是数组，相对应包括 key、value 或者可枚举特定对象 property/attribute。

在 ES8 之前，JavaScript 开发者需要迭代一个对象的自身属性时不得不用 Object.keys。

```
var user = { name: '覃飞', motto: '也曾壮志凌云，不悲人生苦短' };
Object.keys(user).forEach((key, index) => {
    console.log(`${key}:${user[key]}`);
})
//  name:覃飞 (qinfei)
//  motto:也曾壮志凌云，不悲人生苦短
```

而使用 ES6 的 for-of：

```
for (let key of Object.keys(user)) {
    console.log(key, user[key]);
}
```

注　意

尽量避免用 for-in 来遍历对象，for-in 循环只遍历可枚举属性（包括它的原型链上的可枚举属性）。

Object.entries()方法返回一个给定对象自身可枚举属性的键值对数组，其排列与使用 for-in 循环遍历该对象时返回的顺序一致（区别在于 for-in 循环还会枚举原型链中的属性）。

```
let result = JSON.stringify(Object.entries(user));
console.log('result :', result);
//result : [["name","覃飞"],["motto","也曾壮志凌云，不悲人生苦短"]]
```

遍历：

```
for (let [key, value] of Object.entries(user)) {
    console.log(`${key}: ${value}`);
}
//或者
Object.entries(user).forEach(([key, value]) => {
    console.log(`${key}:${value}`)
})
```

11.3.3　padStart 和 padEnd

字符串原型上的方法：String.prototype.padStart 和 String.prototype.padEnd。

（1）padStart()：在开始部位填充，返回一个给出长度的字符串，填充给定字符串，把字符串填充到期望的长度，从字符串的左边开始。

```
let name = '葫芦娃'.padStart(7);
console.log(name);//     葫芦娃
console.log(name.length);//7
```

常用于跟财务有关的场景：

```
console.log('10.00'.padStart(10));
console.log('10,000.00'.padStart(10));
```

运行结果如图 11-1 所示。

```
     10.00
 10,000.00
```

图 11-1

带填充字符参数：

```
console.log('重要'.padStart(5, '*'));//***重要
```

（2）padEnd()：顾名思义就是从字符串的尾端右边开始填充。第一个参数标识填充后的总长度，第二个参数可以用一个任意长度的字符串来进行填充。

```
console.log('曾经沧海难为水'.padEnd(10, '-'));//曾经沧海难为水---
```

11.4 ES9 新特性

11.4.1 for await-of

for-of 方法能够遍历具有 Symbol.iterator 接口的同步迭代器数据，但是不能遍历异步迭代器。

for await-of 语句会在异步或者同步可迭代对象上创建一个迭代循环，包括 String、Array、Array-like 对象（比如 arguments 或者 NodeList），以及 TypedArray、Map、Set 和自定义的异步或者同步可迭代对象。它可以用来遍历具有 Symbol.asyncIterator 方法的数据结构，也就是异步迭代器，且会等待前一个成员的状态改变后才遍历到下一个成员，相当于 async 函数内部的 await。

假设我们有两个异步任务，如果想要依次输出结果，该如何实现呢？

```
function getNum(val, time) {
    return new Promise(function (resolve, reject) {
        setTimeout(() => {
            resolve(val)
        }, time);
    })
}
function doTest() {
    let arr = [getNum(1, 2000), getNum(2, 1000)];
```

```
    for (let item of arr) {
        console.log(Date.now(), item.then(res => {
            console.log(res);
        }))
    }
}
doTest();
```

运行结果如图 11-2 所示，而我们希望的结果是“1，2”。

```
1587777455845 ▶ Promise {<pending>}
1587777455846 ▶ Promise {<pending>}
2
1
```

图 11-2

上述代码证实了 for-of 方法不能遍历异步迭代器，接下来我们尝试 for await-of，代码如下：

```
async function doTest() {
    let arr = [getNum(1, 2000), getNum(2, 1000)];
    for await (let item of arr) {
        console.log(Date.now(), item)
    }
}
```

运行结果如下：

```
1587777767307 1
1587777767307 2
```

浏览器兼容情况如图 11-3 所示。

Chrome	Edge	Firefox	Internet Explorer	Opera	Safari	Android webview	Chrome for Android	Firefox for Android	Opera for Android	Safari on iOS	Samsung Internet	Node.js
63	79	57	No	50	11	63	63	57	46	11	8.0	10.0.0

图 11-3

11.4.2　Object Rest Spread

ES6 中添加了 spread(...)操作符，不仅可以用来替换 concat()和 slice()方法，使数组的操作（复制、合并）更加简单，还可以在数组必须以拆解的方式作为函数参数的情况下使用。

```
const arr1 = [10, 20, 30];
const copy = [...arr1]; // 复制
console.log(copy);     // [10, 20, 30]
const arr2 = [40, 50];
const merge = [...arr1, ...arr2]; // 合并
console.log(merge);     // [10, 20, 30, 40, 50]
console.log(Math.max(...arr1));     // 30 拆解
```

ES9 中通过向对象文本添加扩展属性进一步扩展了这种语法，它可以将一个对象的属性复制到另一个对象上。

```
let skills = {
    skill1: '独孤九剑',
    skill2: '吸星大法',
    school: '其他'
}
let user = {
    name: '令狐冲',
    muisc: '沧海一声笑',
    ...skills,
    school: '华山派'
}
console.log('user :', user);
//user : {name: "令狐冲", muisc: "沧海一声笑", skill1: "独孤九剑",
skill2: "吸星大法", school: "华山派"}
```

上面的代码可以把 skills 对象的数据都添加到 user 对象中。需要注意的是，如果存在相同的属性名，那么只有最后一个会生效，也就是说最后面出现的属性会覆盖前面的属性，而且对象属性的位置由 spread(…)操作符引入的位置决定。

我们修改 skills 对象中的 skill1 属性值，运行结果并不会发生变化，因为 skill1 是简单数据类型。

```
skills.skill1 = '易筋经';
```

spread(…)操作符实现的是一个对象的浅拷贝，需要注意的是，如果属性的值是一个对象，那么该对象的引用会被复制。代码如下：

```
let skills = {
    skill1: '独孤九剑',
    skill2: '吸星大法',
    school: '其他',
    girls: { name: '任盈盈', school: '日月神教' }
}
let user = {
    name: '令狐冲',
```

```
    muisc: '沧海一声笑',
    ...skills,
    school: '华山派'
}
skills.girls.school = '退出江湖';
console.log('user :', user);
```

运行结果如下：

```
user : ▼{name: "令狐冲", muisc: "沧海一声笑", skill1: "独孤九剑", skill2: "吸星大法", school: "华山派", …}
        name: "令狐冲"
        muisc: "沧海一声笑"
        skill1: "独孤九剑"
        skill2: "吸星大法"
        school: "华山派"
      ▶girls: {name: "任盈盈", school: "退出江湖"}
```

Rest 与 Spread 兼容性一致，浏览器兼容如图 11-4 所示。

	Chrome	Edge	Firefox	Internet Explorer	Opera	Safari	Android webview	Chrome for Android	Firefox for Android	Opera for Android	Safari on IOS	Samsung Internet	Node.js
Spread in array literals	46	12	16	No	37	8	46	46	16	37	8	5.0	5.0.0
Spread in function calls	46	12	27	No	37	8	46	46	27	37	8	5.0	5.0.0
Spread in destructuring	49	79	34	No	37	10	49	49	34	37	10	5.0	6.0.0
Spread in object literals	60	79	55	No	47	11.1	60	60	55	44	11.3	8.2	8.3.0

图 11-4

11.4.3　Promise.prototype.finally()

Promise.prototype.finally()方法返回一个 Promise，在 Promise 执行结束时，无论结果是 fulfilled 还是 rejected，在执行 then()和 catch()后都会执行 finally 指定的回调函数。

无论操作是否成功，当我们需要在操作完成后进行一些清理时，finally()方法就派上用场了，它可以避免出现同样的语句在 then()和 catch()中各写一次的情况。

```
new Promise((resolve, reject) => {
    resolve('成功');
}).then((response) => {
    console.log(response);
})
    .catch((error) => {
        console.log(error);
    })
    .finally(() => {
        //无论成功还是失败都要执行的代码
        console.log('你在他乡还好吗')
```

```
    });
```

浏览器兼容情况如图 11-5 所示。

Chrome	Edge	Firefox	Internet Explorer	Opera	Safari	Android webview	Chrome for Android	Firefox for Android	Opera for Android	Safari on IOS	Samsung Internet	Node.js
63	18	58	No	50	11.1	63	63	58	46	11.3	8.0	10.0.0

图 11-5

11.4.4 新的正则表达式特性

ES9 为正则表达式添加了四个新特性，进一步提高了 JavaScript 的字符串处理能力。

- s (dotAll) Flag：s 标记。
- Named Capture Groups：命名捕获组。
- Lookbehind Assertions：后行断言。
- Unicode Property Escapes：Unicode 属性转义。

（1）s (dotAll) Flag

在正则表达式中，点（.）是一个特殊字符，代表任意的单个字符，但是有两个例外：一个是四个字节的 UTF-16 字符，可以用 u 修饰符解决；另一个是行终止符，如换行符（\n）或回车符（\r），可以通过 ES9 的 s(dotAll)在原正则表达式基础上添加 s 表示。

通过望文生义的方式理解就是：加一个 s 可以让点（.）真正代表任意单个字符。

示例代码：

```
console.log(/hello.world/.test("hello\nworld")); //false
    console.log(/hello.world/s.test("hello\nworld"));//true
```

（2）Named Capture Groups

JS 正则表达式可以返回一个匹配对象：一个包含匹配字符串的累数组，例如以 YYYY-MM-DD 的格式解析日期。

示例代码：

```
const reDate = /([0-9]{4})-([0-9]{2})-([0.-9]{2})/;
const match = reDate.exec("2020-04-25");
console.log(match[0]);     // 2020-04-25
console.log(match[1]);     // 2020
console.log(match[2]);     // 04
console.log(match[3]);     // 25
```

这样的代码很难读懂，并且改变正则表达式的结构有可能改变匹配对象的索引。

ES9 引入了命名捕获组，允许为每一个组匹配指定一个名字，既便于阅读代码，又便于引用，格式为(?<name>)，示例代码如下：

```
const reDate = /(?<year>[0-9]{4})-(?<mouth>[0-9]{2})-(?<day>[0.-9
]{2})/;
const match = reDate.exec("2020-04-25");
console.log(match.groups);    // {year: "2020", mouth: "04", day: "25"}
console.log(match.groups.year);     // 2020
console.log(match.groups.mouth);     // 04
console.log(match.groups.day);     // 25
```

在上面的代码中，“命名捕获组”在圆括号内部，模式的头部添加“问号 + 尖括号 + 组名”（?<year>），然后就可以在 exec 方法返回结果的 groups 属性上引用该组名。

命名捕获组也可以使用在 replace()方法中，例如将日期转换为美国的 MM-DD-YYYY 格式：

```
const reg = /(?<year>\d{4})-(?<month>\d{2})-(?<day>\d{2})/
const usDate = '2020-04-25'.replace(reg, '$<month>-$<day>-$<year>')
console.log(usDate);//04-25-2020
```

（3）Lookbehind Assertions

JavaScript 语言的正则表达式，只支持先行断言，不支持后行断言。先行断言我们可以简单理解为“先遇到一个条件，再判断后面是否满足”，先行断言匹配会发生，但不会有任何捕获。

(?<…)是后行断言的符号，(?..)是先行断言的符号，然后结合=（等于）、!（不等）、\1（捕获匹配）。

假设我们想要捕获数字，示例代码如下：

```
// 先行断言
const reLookahead = /\D(?=\d+)/;
const match1 = reLookahead.exec("说 3166")
console.log(match1[0]) //说
//后行断言
const reLookbehind = /(?<=\D)\d+/;
const match2 = reLookbehind.exec("说 3166")
console.log(match2[0])  //3166
```

（4）Unicode Property Escapes

ES9 引入了一种新的类的写法\p{...}和\P{...}，允许正则表达式匹配符合 Unicode 某种属性的所有字符，比如可以使用\p{Number}来匹配所有的 Unicode 数字。示例代码：

```
const str = '㉛';
console.log(/\d/u.test(str));     // → false
```

```
console.log(/\p{Number}/u.test(str));       // → true
```

浏览器兼容情况如图 11-6 所示。

	Chrome	Firefox	Safari	Edge	Chrome (Android)	Firefox (Android)	iOS Safari	Edge Mobile	Android Webview
s (dotAll) Flag	62	No	11.1	No	62	No	11.3	No	62
Named Capture Groups	64	No	11.1	No	64	No	11.3	No	64
Lookbehind Assertions	62	No	No	No	62	No	No	No	62
Unicode Property Escapes	64	No	11.1	No	64	No	11.3	No	64

图 11-6

11.5 ES10 新特性

11.5.1 Array.prototype.flat()

flat() 方法会按照一个可指定的深度递归遍历数组，并将所有元素与遍历到的子数组中的元素合并为一个新数组返回。

语法：

```
var newArray = arr.flat([depth])
```

参数：

- Depth：可选，指定要提取嵌套数组的结构深度，默认值为 1。
- 返回值：一个包含数组与子数组中所有元素的新数组。

示例代码：

```
var arr1 = ['大海无量', '剑二十二', ['三分归元气', '蚀日剑法']];
console.log(arr1.flat()); // ["大海无量", "剑二十二", "三分归元气", "蚀日剑法"]
var arr2 = ['万剑归宗', ['摩柯无量', '傲寒六诀', ['天霜拳', '排云掌']]];
console.log(arr2.flat()); //["万剑归宗", "摩柯无量", "傲寒六诀",  ['天霜拳', '排云掌']]
var arr3 = ['万剑归宗', ['摩柯无量', '傲寒六诀', ['天霜拳', '排云掌']]];
console.log(arr3.flat(2));//["万剑归宗", "摩柯无量", "傲寒六诀", "天霜拳", "排云掌"]
//使用 Infinity，可展开任意深度的嵌套数组
console.log(arr3.flat(Infinity));//["万剑归宗", "摩柯无量", "傲寒六诀", "天霜拳", "排云掌"]
```

其次，还可以利用 flat()方法的特性来去除数组的空项：

```
var arr4 = ['第一邪皇', , '第二猪皇'];
console.log(arr4.flat());//["第一邪皇", "第二猪皇"]
```

11.5.2　Array.prototype.flatMap()

flatMap()方法首先使用映射函数映射每个元素，然后将结果压缩成一个新数组。它与 map 和深度值 1 的 flat 几乎相同，但 flatMap 通常在合并成一种方法的效率方面稍微高一些。这里我们拿 map 方法与 flatMap 方法做一个比较。示例代码：

```
let arr5 = ['秦霜', '步惊云', '聂风'];
console.log(arr5.map((n, index) => [index + 1 + '.' + n]));  //[Array(1), Array(1), Array(1)]
console.log(arr5.flatMap((n, index) => [index + 1 + '.' + n]));// ["1.秦霜", "2.步惊云", "3.聂风"]
console.log(arr5.flatMap((n, index) => [[index + 1 + '.' + n]]));//[Array(1), Array(1), Array(1)]
```

11.5.3　String.trimStart 和 String.trimEnd

新增的这两个方法很好理解，分别去除字符串首尾空白字符。

trimStart() 方法从字符串的开头删除空格，trimLeft()是此方法的别名。

```
let str = ' 打工是不可能的 '
console.log(str.length) // 9
str = str.trimStart()
console.log(str.length) // 8
let str1 = str.trim() // 清除前后的空格
console.log(str1.length) // 7
str.replace(/^\s+/g, '') // 也可以用正则实现开头删除空格
```

trimEnd() 方法从一个字符串的右端移除空白字符，trimRight()是 trimEnd 的别名。

```
let str2 = ' 这辈子是不可能打工的 '
console.log(str2.length) // 12
str2 = str2.trimEnd()
console.log(str2.length) // 11
let str3 = str2.trim() //清除前后的空格
console.log(str3.length) // 10
str2.replace(/\s+$/g, '') // 也可以用正则实现右端移除空白字符
```

11.5.4　String.prototype.matchAll

matchAll()方法返回一个包含所有匹配正则表达式及分组捕获结果的迭代器。在 matchAll 出现之前，通过在循环中调用 regexp.exec 来获取所有匹配项信息（regexp 需使用/g 标志）。

```
var re = /[0-9]+/g;
```

```
var str = '2020-04-25';
var result = re[Symbol.matchAll](str);
// var result = str.matchAll(re);和 re[Symbol.matchAll](str)等价
console.log(Array.from(result, x => x[0]));// ["2020", "04", "25"]
```

11.5.5 修改 catch 绑定

在 ES10 中，try-catch 语句中的参数变为一个可选项。以前我们写 catch 语句时，必须传递一个异常参数。这就意味着，即便我们在 catch 里面根本不需要用到这个异常参数也必须将其传递进去。

之前是 try {}catch(e){}，现在是 try {}catch{}。

11.5.6 新的基本数据类型 BigInt

JavaScript 所有数字都保存成 64 位浮点数，这给数值的表示带来了两大限制：一是数值的精度只能到 53 个二进制位（相当于 16 个十进制位），大于这个范围的整数，JavaScript 是无法精确表示的，这使得 JavaScript 不适合进行科学和金融方面的精确计算；二是大于或等于 2 的 1024 次方的数值，JavaScript 无法表示，会返回 Infinity。

ES10 引入了一种新的数据类型 BigInt（大整数）。BigInt 是一种数字类型的数据，可以表示任意精度格式的整数。在其他编程语言中，可以存在不同的数字类型，例如整数、浮点数、双精度数或大斐波数。

创建 BigInt 类型的值也非常简单，只需要在数字后面加上 n 即可。例如，123 变为 123n。也可以使用全局方法 BigInt(value)转化，入参 value 为数字或数字字符串。示例代码：

```
const valNumber = 27;
const valBigInt = BigInt(valNumber);
console.log(valBigInt === 27n); // true
console.log(typeof valBigInt === 'bigint'); // true
console.log(typeof 27); // number
console.log(typeof 27n); // bigint
```

11.5.7 Object.fromEntries()

Object.entries()方法的作用是返回一个给定对象自身可枚举属性的键值对数组，其排列与使用 for-in 循环遍历该对象时返回的顺序一致（区别在于 for-in 循环也枚举原型链中的属性）。

Object.fromEntries()是 Object.entries()的反转，可以将 Map 转化为 Object。

```
const object = { 刀: '北饮狂刀聂人王', 剑: '南麟剑首断帅' };
const objToMap = Object.entries(object);
console.log(objToMap); //[["刀", "北饮狂刀聂人王"],["剑", "南麟剑首断帅"]];
const mapToObj = Object.fromEntries(objToMap);
console.log(mapToObj); //{刀: "北饮狂刀聂人王", 剑: "南麟剑首断帅"}
```

11.5.8　Symbol.prototype.description

Symbol 的描述只被存储在内部的[[description]]中，没有直接对外暴露，只有调用 Symbol 的 toString()时才可以读取这个属性：

```
console.log(Symbol('剑魔').description);  // 剑魔
console.log(Symbol('').description);      //
console.log(Symbol().description);        // undefined
```

11.5.9　Function.prototype.toString()

在 ES10 中 Function.toString()发生了变化，之前执行这个方法时得到的字符串是去空白符号的，现在得到的字符串呈现出原本源码的样子，也就是说返回精确字符，包括空格和注释。

```
function sum(a, b) {
    return a + b;
}
console.log(sum.toString());
```

运行结果如下：

```
function sum(a, b) {
    return a + b;
}
```

第 12 章

◀ TypeScript ▶

本章主要对 TypeScript 进行一个简单的介绍。通过本章的学习，你会对 TypeScript 有一个基本的了解，并熟悉它的基本语法和特性。

12.1 TypeScript 简介

TypeScript 是 MicroSoft 公司注册的商标，2009 年微软 C#之父 Anders Hejlsberg 领导开发了 TypeScript 的第一个版本。

TypeScript（简称 TS）是一个编译到纯 JS 的有类型定义的 JS 超集。TS 遵循当前以及未来出现的 ECMAScript 规范。TS 不仅能兼容现有的 JavaScript 代码，也拥有兼容未来版本的 JavaScript 的能力。大多数 TS 的新增特性都是基于未来的 JavaScript 提案，这意味着许多 TS 代码在将来很有可能会变成 ECMA 的标准。

如果你对 Java、C#等高级编程语言有一定的了解，那么你会发现 TypeScript 借鉴了这些高级语言的语法特性，它将基于对象的 JavaScript 改造成了面向对象的语言，这样也就让 JavaScript 开发大型项目成为可能，因为它弥补了弱类型语言的缺点。

12.1.1 安装 TypeScript

获取 TypeScript 工具有两种主要的方式：

- 通过 npm（Node.js 包管理器）。
- 安装 Visual Studio 的 TypeScript 插件。

Visual Studio 2017 和 Visual Studio 2015 Update 3 默认包含了 TypeScript。

针对使用 npm 的用户，可以使用下面命令安装：

npm install -g typescript

如果你的计算机上没有安装 npm，可以先下载安装 Node.js，Node 中会自带 npm 工具。

Node.js 的官网地址为 https://nodejs.org/zh-cn/。

或者，使用在线 compiler 开发，这应该是 TypeScript 开发最方便的一种方式，因为根本没用所谓的安装过程，只要打开浏览器，访问在线 compiler 开发网站 http://www.typescriptlang.org/play/index.html 即可。

我们可以看到左边是TypeScript代码，右边是编译以后的JavaScript代码，如图12-1所示。

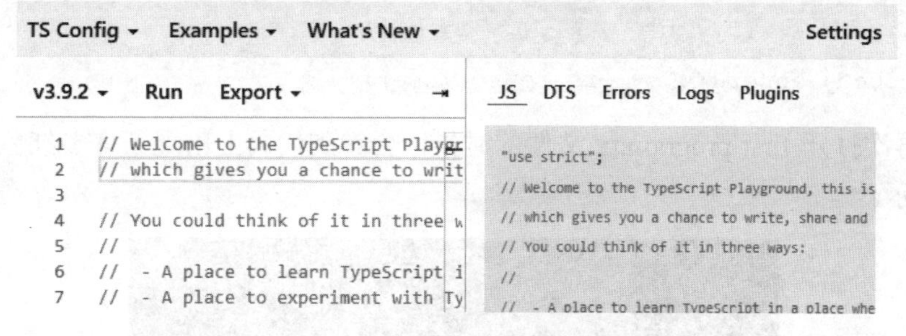

图 12-1

注　意

实际工作中几乎不会使用在线 compiler 开发，在线 compiler 开发仅供学习使用。

12.1.2　开始我们的第一个 TypeScript 程序

在 ts 目录下，新建文件 first-program.ts，注意文件后缀名是.ts，输入如下代码：

```
function createUser(user) {
    return `姓名：${user.name}，头衔：${user.title}`;
}
let user = { name: '袁天罡', title: '不良帅' };
document.body.innerHTML = createUser(user);
```

在这里，我们写的是纯 JS 代码。接下来，我们运行 TypeScript 编译器。

在 VS Code 中，选择菜单栏中的 Terminal→New Terminal 命令，如图 12-2 所示。

在 VS Code 底部会打开一个 powershell 窗口，如图 12-3 所示。

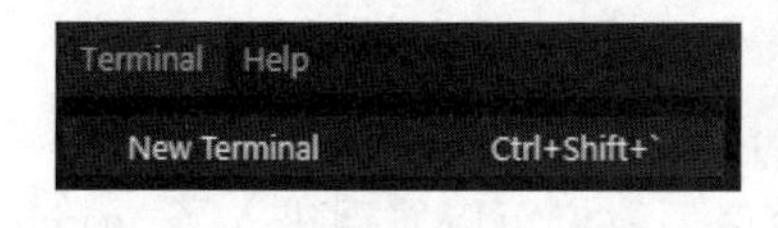

图 12-2

```
PROBLEMS   OUTPUT   DEBUG CONSOLE   TERMINAL
PS D:\zouqj\javascript_book\codes\chapter12> tsc ./ts/first-program.ts
PS D:\zouqj\javascript_book\codes\chapter12>
```

图 12-3

我们也可以直接在 CMD 命令中先跳转到当前文件所在目录，然后运行命令：tsc first-program.ts。

最终，会在 first-program.ts 的同级目录下生成一个 first-program.js 文件。first-program.js 中的代码和 first-program.ts 中的代码几乎是一致的。

注　意

如果在 ts 文件中写了一些 ES6 及以上的语法，运行 tsc 编译的时候默认会将其编译为兼容性更强的 ES5 语法。在如下所示的代码中，模板字符串被编译成字符串拼接。

```
function createUser(user) {
    return "\u59D3\u540D\uFF1A" + user.name + "\uFF0C\u5934\u8854\uFF1A" +
```

```
user.title;
    }
    var user = { name: '袁天罡', title: '不良帅' };
    document.body.innerHTML = createUser(user);
```

当我们再次打开 first-program.ts 文件的时候，会看到代码上出现了许多红色波浪线提示，如图 12-4 所示。

```
TS first-program.ts ×    JS first-program.js
ts > TS first-program.ts > ...
1   function createUser(user) {
2     return `姓名: ${user.name}, 头衔: ${user.title}`;
3   }
4   let user = { name: '袁天罡', title: '不良帅' };
5
6   document.body.innerHTML = createUser(user);
```

图 12-4

将鼠标移上去会看到提示"变量名重复"，所以通常我们会将源文件和编译后的文件单独存放在不同的目录下。

在控制台中执行命令"tsc–init"，生成 tsc 目录下的配置文件 tsconfig.json。修改 tsconfig.json 配置文件：

```
    "outDir": "./js" /* Redirect output structure to the directory. */,
    "rootDir": "./ts" /* Specify the root directory of input files. Use to cont
rol the output directory structure with --outDir. */,
```

然后在控制台执行命令 tsc，此时会在 js 目录下生成和 ts 目录下文件名相同的文件，但是扩展名是.js。

说明：不带任何输入文件的情况下调用 tsc，编译器会从当前目录开始去查找 tsconfig.json 文件，逐级向上搜索父目录。

如果觉得每次变更 ts 中的代码都要重新执行一下 tsc 命令比较麻烦，我们可以运行 tsc-w。用 watch 来动态检测 ts 文件的改变并自动编译。执行上述命令后我们可以发现进入了 watch 模式，当我们在该模式下对 src 中的 ts 文件进行了修改并保存时，其会自动执行 tsc 命令更新.ts 文件对应的.js 文件，如果有报错也会在命令行中显示。

在 pages 目录下，新建文件 first.html，添加 js 文件引用：

```
    <body></body>
    <script src="../js/first-program.js"></script>
```

注　意

js 文件引用要放置在 body 中或者 body 后，放置在 head 标签中时会报错，因为 html 文件是从上至下解析的，还没解析 body 标签时，获取不到 document.body 对象。tsconfig.json 文件可以是一个空文件，所以所有默认的文件（如上面所述）都会以默认配置选项编译。

运行结果如图 12-5 所示。

图 12-5

12.1.3 类型注解

TypeScript 里的类型注解是一种轻量级的、为函数或变量添加约束的方式，新建文件 type-annotations.ts，输入如下代码：

```
function say(msg:string){
    return '不良帅说：'+msg;
}
let msg=['天下如棋局,世人皆棋子']
document.write(say(msg));
```

在上述例子中，我们希望 say 函数接收一个字符串参数，然后尝试把 say 的调用参数改成传入一个数组。在 VS Code 编辑器中，将鼠标移到带有红色波浪线的 msg 变量上，会有如图 12-6 所示的错误提示。

图 12-6

此时，我们继续运行命令 tsc，依旧会在 js 目录下产生 type-annotations.js 文件，但是 type-annotations.js 中除了一行"use strict"，其他什么代码都没有。

12.1.4 接口

这里我们使用接口来描述一个拥有 name 和 title 字段的对象。在 TypeScript 里，只在两个类型内部的结构兼容，那么这两个类型就是兼容的。这允许我们在实现接口的时候，只要保证包含了接口要求的结构就可以，而不必明确地使用 implements 语句。

interface.ts 代码如下：

```
interface User {
  name: string;
  title: string;
}
function greeter(person: User) {
  return person.name + ': ' + person.title;
}
let userObj = { name: '袁天罡', title: '不良帅' };
```

```
document.write(greeter(userObj));
```

12.1.5 类

TypeScript 支持 JavaScript 的新特性，比如支持基于类的面向对象编程。

class.ts 代码如下：

```
class User {
  name: string;
  title: string;
  constructor(name: string, title: string) {
    this.name = name;
    this.title = title;
  }
  show() {
    return `姓名：${this.name}，头衔：${this.title}`;
  }
}
document.body.innerHTML = new User('袁天罡', '不良帅').show();
```

生成的 class.js 代码如下：

```
"use strict";
var User = /** @class */ (function () {
    function User(name, title) {
        this.name = name;
        this.title = title;
    }
    User.prototype.show = function () {
        return "\u59D3\u540D\uFF1A" + this.name + "\uFF0C\u5934\u8854\uFF1A
" + this.title;
    };
    return User;
}());
document.body.innerHTML = new User('袁天罡', '不良帅').show();
```

12.2 TypeScript 基础类型

TypeScript 支持与 JavaScript 几乎相同的数据类型，此外还提供了实用的枚举类型方便我们使用。本节不再赘述 JavaScript 中已有的类型（布尔值（boolean）、数字（number）、字符串（string）、数组（[]），重点讲 JavaScript 中没有的类型。

12.2.1 元组

元组（tuple）类型允许表示一个已知元素数量和类型的数组，各元素的类型不必相同。比如，你可以定义一对值分别为 string 和 boolean 类型的元组。

```
//定义一个 tuple 类型
var arr: [string, boolean];
//初始化 arr
arr = ['张子凡', true]; //正确
arr = [50, '张玄陵']; //错误
arr = ['张子凡', true, '陆林轩']; //错误
```

当访问一个已知索引的元素时会得到正确的类型：

```
console.log(arr[0].substr(1)); //子凡
console.log(arr[1].substr(1)); //Property 'substr' does not exist on type '
boolean'.
```

如果输入的类型有误，那么在编译时就会报错，这能有效地减少我们犯错的机会。

12.2.2 枚举

enum 类型是对 JavaScript 标准数据类型的一个补充。像 C#、Java 等其他高级语言一样，使用枚举类型可以为一组数值赋予友好的名字。

```
enum AlarmStatusEnum {
  //待确认
  noSure, //0
  //已忽略
  recovered, //1
  //处理中
  processing, //2
  //已恢复
  resolved, //3
}
let noSure = AlarmStatusEnum.noSure; //0
```

默认情况下，枚举值从 0 开始为元素编号，你也可以手动地指定成员的数值。

```
enum AlarmStatusEnum {
  //待确认
  noSure = 1, //1
  //已忽略
  recovered, //2
  //处理中
  processing, //3
  //已恢复
```

```
    resolved, //4
}
let recovered = AlarmStatusEnum.recovered; //2
```

或者，全部都采用手动赋值：

```
enum AlarmStatusEnum {
    //待确认
    noSure = 1, //1
    //已忽略
    recovered=3, //3
    //处理中
    processing=5, //5
    //已恢复
    resolved=7, //7
}
let recovered = AlarmStatusEnum.recovered; //3
```

枚举类型提供的一个便利是你可以由枚举的值得到它的名字。例如，我们知道数值为 3，但是不确定它映射到 AlarmStatusEnum 里的哪个名字，我们可以查找相应的名字：

```
let alarmStatusName = AlarmStatusEnum[3];
console.log('alarmStatusName :>> ', alarmStatusName); //recovered
```

12.2.3 任意值

在 JavaScript 中声明的对象默认就是任意类型的。在 TypeScript 中，有时我们会想要为那些在编程阶段还不清楚类型的变量指定一个类型。这些值可能来自于动态的内容，比如用户输入或第三方代码库。这种情况下，我们不希望类型检查器对这些值进行检查，而是直接让它们通过编译阶段的检查，那么我们可以使用 any 类型来标记这些变量。

```
let anyType:any='姬如雪';
anyType=24;
```

此时，anyType 变量是一个 number 类型。在对现有代码进行改写的时候，any 类型是十分有用的，它允许你在编译时可选择地包含或移除类型检查。

12.2.4 空值

从某种程度上来说，void 类型像是与 any 类型相反，表示没有任何类型。当一个函数没有返回值时，你通常会见到其返回值类型是 void：

```
function main(): void {
    console.log('这是入口函数');
}
```

void 通常用来修饰方法类型，用来修饰一个变量类型的话并没有多大的意义，因为你只能为它赋予 undefined 和 null。

12.2.5 null 和 undefined

null 和 undefined 是 TypeScript 中的基础类型，默认情况下，null 和 undefined 是所有类型的子类型，就是说你可以把 null 和 undefined 赋值给 number 类型的变量。

然而，当你指定了--strictNullChecks 标记时，null 和 undefined 只能赋值给 void 和它们自己。这能避免很多常见的问题。也许在某处你想传入一个 string 或 null 或 undefined，此时可以使用联合类型 string | null | undefined。

12.2.6 never

never 类型表示的是那些永远不存在的值的类型。例如，never 类型是那些总是会抛出异常或根本就不会有返回值的函数表达式或箭头函数表达式的返回值类型；变量也可能是 never 类型，当它们被永不为真的类型保护所约束时。

```
// 返回 never 的函数必须存在无法达到的终点
function error(message: string): never {
    throw new Error(message);
}
```

12.2.7 类型断言

这个其实就像 C#语言中的强制类型转换，可以通过加“尖括号”或者 as 的形式来进行转换。

```
let anyValue: any = '三百年的功力岂是你能撼动';
let strLength: number = (<string>anyValue).length;
// 或者
strLength = (anyValue as string).length;
```

12.3 总结

其实 TypeScript 的内容非常多，鉴于本书的重点并不是 TypeScript，所以关于 TypeScript 的介绍就讲到这里。有关 TypeScript 更多的内容可以到 https://typescript.bootcss.com/上学习。

TypeScript 就像一把牛刀，非常适用于大型项目。对于一些小型项目，不用 TypeScript 可能开发得更快。因为在实现相同功能的情况下，TypeScript 比 JavaScript 要写更多的代码，主要是一些类型定义的代码。如果要开发比较复杂的项目，那么 TypeScript 得天独厚的优势就体现出来了。作为一名前端开发人员，掌握 TypeScript 仍是非常有必要的。